監修：久保幹雄

Pythonによる
問題解決シリーズ
3

最適化のための
強化学習

小林和博［著］

近代科学社

[Pythonによる問題解決シリーズ]

刊行にあたって

言わずもがなPythonは最近ますます注目を浴びているプログラミング言語である．その理由としては，Pythonが問題解決に適しているということが挙げられる．そこで本シリーズでは「Pythonによる問題解決」と銘打って，Python言語を用いて様々な問題を現実的に解決するための方法論について，各分野の専門家に執筆をお願いした．ここで問題解決とは，データサイエンティストがデータ分析をしたり，ORアナリストが最適化を行ったりすることを指す．Pythonには，パッケージ（モジュール）と呼ばれるライブラリが豊富にあり，それらを気楽に使えるため，問題解決（データ解析，データ可視化，統計解析，機械学習，最適化，シミュレーション，Webアプリケーション開発など）を極めて簡単に，かつ短時間にできるのだ．そのため，Pythonはデータサイエンティストやアナリストの必須習得言語となってきている．

Pythonは欧米から火がついた言語であるので，和書に比べて洋書が圧倒的に多い．そのため，Pythonに関する書籍は翻訳書が中心になっているが，執筆から翻訳まで時間を要するので，その内容が比較的古くなっているものが散見される．Pythonは今も活発に改良されているプログラミング言語である．そのため，できるだけ鮮度の良い内容を公開したいために，執筆はすべて日本語での書き下ろしでお願いした．

最近では，問題解決能力を持ったデータサイエンティストやアナリストは引っ張りだこである．執筆者の皆様も大変多忙の中，執筆の時間を作って頂き，感謝する次第である．本シリーズによって，Pythonを駆使して問題解決を行うことができる人材が増えることを期待している．最後に，本シリーズの企画にご助力頂いた元 近代科学社フェローの小山氏ならびに研究会の助成をして頂いたグローバルATC (No.1005304) に感謝したい．

久保幹雄

はじめに

強化学習では，環境のなかで行動するエージェントが，自らや他者の行動の結果から学び，環境に適応し，より良い行動をとることができるようになる仕組みを扱う．

本書では，強化学習における基本的な考え方や計算手法を紹介するとともに，それらを実際にPythonを用いて実現する方法を述べる．本書で扱う内容を身につけることにより，強化学習のより広い・深い手法に取り組む準備ができるはずである．

具体的に扱う内容としては，強化学習でよく用いられる用語，マルコフ決定過程，価値関数，方策評価，方策反復，価値反復，モンテカルロ評価，SARSA，Q学習が挙げられる．

期待値の計算を扱う際に確率についての数学的な記述を扱うが，それ以外には特に必要な前提知識はない．ほとんどの内容は，足し算とかけ算（と引き算と割り算）がわかれば，問題なく理解できるはずである．したがって，意欲的な高校生，あるいは中学生でも取り組むことができるだろう．

本書では，冗長な記述を敢えて避けなかった．同じ用語を複数の箇所で繰り返し説明していたり，既出の数式を後のページで再掲したりしている．これは，読者の学びやすさを優先したためである．

数学の学習に慣れていれば，一度出てきた数式は，数式番号を頼りに前のページを参照することで問題なく学習を進めることができる．また，プログラミングの学習に慣れていれば，動作が不明な関数が出てくれば，関数の公式マニュアルを読み，自分で動作を確認すればよい．しかし，これらを要求することが，学びを妨げる障壁となるケースも考えられる．本書は，このような困難を取り除き，できるだけスムーズに読み進められるように冗長さを敢えて避けなかった．

強化学習は，本書が出版される時点では，日々刻々と発展しており，その適用範囲が広げられているとともに，新たな手法も次々と開発されている．読者におかれては，そのような発展も注視されるとよいだろう．

最後に，本書執筆の機会をくださった，監修の久保幹雄教授（東京海洋大学）と近代科学社の皆様に深謝申し上げる．

2024 年 8 月 小林　和博

サンプルプログラムについて

本書に収録しているプログラムは，書籍の理解を助ける目的のサンプルプログラムである．完全に正しく動作することは保証しない．直接販売することを除き，商用でも無料で利用できる．利用により発生した損害等は，利用者の責任とする．

目　次

用語一覧

記号一覧

期	$t = 1, 2, 3, \ldots$
状態	s_t
マルコフ決定過程での推移確率	$p(s_{t+1} \mid s_t, a_t)$
マルコフ過程，マルコフ報酬過程での推移確率	$p(s_{t+1} \mid s_t)$
状態の有限集合	$\mathcal{S}$
推移確率行列	P
割引率	γ
状態の列	$(s_0, s_1, \ldots, s_T)$
報酬	r_t
報酬の列	$(r_0, r_1, \ldots, r_T)$
マルコフ報酬過程での報酬関数	$R(s_t = s) = \mathbb{E}[r_t \mid s_t = s]$
マルコフ決定過程での報酬関数	$R(s_t = s, a_t = a) = \mathbb{E}[r_t \mid s_t = s, a_t = a]$
リターン（無限期間）	$G_t = r_t + \gamma r_{t+1} + \gamma^2 r_{t+2} + \cdots$
リターン（有限期間）	$G_t = r_t + \gamma r_{t+1} + \gamma^2 r_{t+2} + \cdots + \gamma^{T-t} r_{t+T-t}$
価値関数	$v(s) = \mathbb{E}[G_t \mid s_t = s]$
確定的方策	$\pi(s) = a$
確率的方策	$\pi(a \mid s) = P(a_t = a \mid s_t = s)$
方策 π に対する価値関数	$v^{\pi}(s) = \mathbb{E}_{\pi}[G_t \mid s_t = s]$
方策 π に対する行動価値関数	$q^{\pi}(s, a) = \mathbb{E}_{\pi}[G_t \mid s_t = s, a_t = a]$

アルゴリズム一覧

第1章

Pythonで強化学習を行うための環境構築

Pythonでプログラムを実行するには，オンラインサービスを利用する方法と，手元のコンピュータに実行環境を整える方法がある．

1.1　オンラインサービスを利用する方法

オンラインでPythonを実行するには，Google Colabolatoryを利用する方法が便利である．Google Colabolatoryは，下記のURLにアクセスすることで利用できる．

https://colab.research.google.com/

利用するには，Googleのアカウントが必要である．

本書で扱うプログラムでは，Pythonの標準的な機能と，よく用いられるパッケージのみを用いている．したがって，Google Colabolatoryでは特別な設定をすることなく実行することができる．

Google Colabolatoryの利用方法は，上記のURLにアクセスすることで見ることができる動画や文書で詳しく知ることができる．

1.2　手元のコンピュータに実行環境を整える方法

手元のコンピュータでPythonの実行環境を整えるには，そのためのソフトウェアをインストールする必要がある．

Pythonに関するドキュメントは，

https://docs.python.org/ja/3/

で見ることができる.

Python には，Python 2 と Python 3 がある．Python 2 と Python 3 では文法が大きく異なる部分があり，Python 2 で動作するプログラムでも Python 3 ではそのまま動かないものが多い．本書で用いるのは Python 3 であるので，Python 3 をインストールする必要がある.

ここでは，上記の Web サイトに書かれたセットアップ手順*1 を参考に，各プラットフォームでの Python の環境構築について述べる.

*1 2024 年 6 月の時点では「Python のセットアップと使い方」.

まず，Windows に Python をインストールするには，インストーラを用いればよい．インストーラでインストールできるものには，完全版，Microsoft ストアパッケージなど，いくつかのものがある．ドキュメントを参照し，適切なものを選んでインストールする.

Linux では，ほとんどのディストリビューションではあらかじめ Python がインストールされている．そうでなくても，Linux パッケージとして利用可能である．また，FreeBSD パッケージとして Python をインストールするには，コマンド入力画面で

```
$pkg install python3
```

とすればよい.

Mac での Python 環境には注意が必要である．macOS にあらかじめインストールされている Python は，バージョンが古いものである.「ターミナル」で

```
$python
```

と入力すると，あらかじめインストールされた Python の実行環境のプロンプトに移るが，ここで実行できるのは，Python 2 である*2．例えば，Mac のターミナルで

*2 macOS 10.15.7 では，Python 2.7.16 である.

```
$python -V
```

を実行すると，

```
Python 2.7.16
```

などと表示される.

Python 3 の実行環境を構築するには，

https://www.python.org/

表 1.1 本書で用いるパッケージ

パッケージ名	URL	バージョン
NumPy	https://www.numpy.org/	1.25.2
Matplotlib	https://matplotlib.org/	3.7.1
Pandas	https://www.numpy.org/	2.0.3

の「Downloads」タブから「Mac OS X」を選び，適切なバージョンのPython 3を別途インストールする必要がある．ここには macOS のためのインストーラも用意されている．インストーラによりインストールを行うと，`/Library/Frameworks/Python.Frameworks/Versions/`に，バージョン名がついたディレクトリ（例えば，`3.9`）が作成される．このなかの `bin` ディレクトリに，バイナリが入る．この `bin` ディレクトリのなかには，Python 3 を実行する `python3`，Python のパッケージ管理を行う `pip3` などが入っている．

Mac のパッケージ管理に Homebrew[1] を用いている場合は，

```
$brew install python3
```

を実行することで，Python 3 をインストールすることができる．

1.3 パッケージのインストール

前に述べたように，Python ドキュメントの Web サイト[2] の記述に従って Python 3 をインストールすると，標準的な機能を使うことができるようになる．これらに加えて，別途**パッケージ (package)** をインストールことにより，標準機能以外の様々な処理を行うことができるようになる．これらパッケージの管理には，`pip3` コマンドを用いる．単に，`pip` と入力すると，Python 2 のパッケージ管理を行ってしまうことがあるので，注意する必要がある．

`pip3` をインストールしたら，次のコマンドを実行し，`pip3` 自身を最新版にアップデートする．

```
$pip3 install --user --upgrade pip
```

これが完了したら，本書で用いるパッケージをインストールする．本書で用いるパッケージは表 1.1 に示した．パッケージのインストールには，パッケージを指定して `pip3 install` を実行する．例えば，Pandas をインストールす

[1] https://brew.sh/
[2] https://docs.python.org/ja/3/

るには，次の命令を実行する．

```
$pip3 install pandas
```

指定したパッケージがすでにインストールされている場合は，その旨が表示され，終了する．インストールされていない場合は，インストールが実行される．この際，必要なファイルを自動でダウンロードするので，インターネット接続が必要である．

また，すでにインストールされているパッケージを最新版にアップデートするには，パッケージを指定して`pip3 install -U`を実行する．例えば，Pandasを最新版にアップデートするには，

```
$pip3 install -U pandas
```

を実行する．

1.4　実行環境

手元のコンピュータでプログラムを実行するには，JupyterLabを用いるのが便利である．JupyterLabを起動するには，Macであればターミナル上で

```
$jupyter lab
```

と入力して実行する．すると，ブラウザが立ち上がり，そのブラウザウィンドウ内に，図1.1に示すような画面が開かれる．この画面で,「Notebook」の下にある「Python 3」をクリックすると，図1.2のような画面に移る．これは，新規に開かれたNotebookが右側に表示されている状態である．左側には，MacでFinder，Windowsでエクスプローラーを用いるときと同じように，現在のディレクトリ（フォルダ）の内容が表示されている．

右のタブにある細長いスペース（セルと呼ぶ）にPythonの命令を入力し，上部の右三角形ボタンをクリックすると，入力した命令が実行される．例えば，次の命令[3)]

[3)] https://matplotlib.org/のTutorialより引用．一部改変．

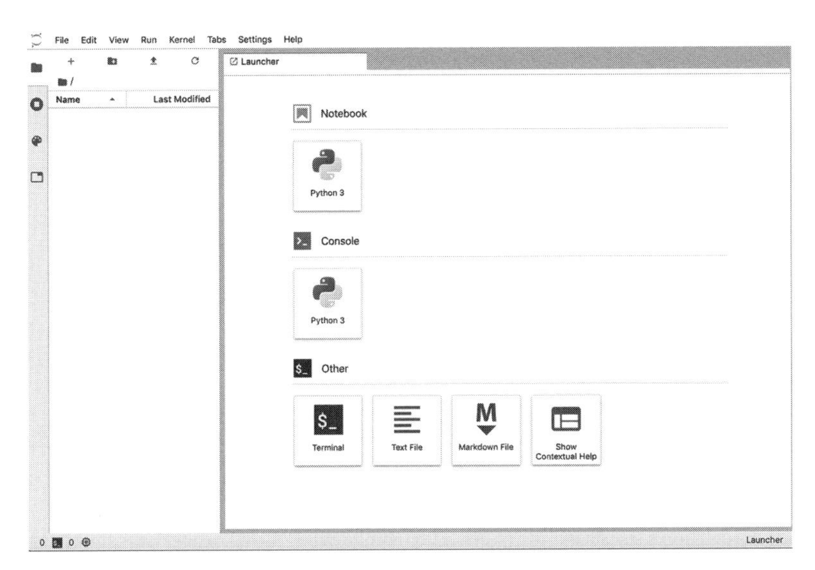

図 **1.1** JupyterLab を起動した際の画面

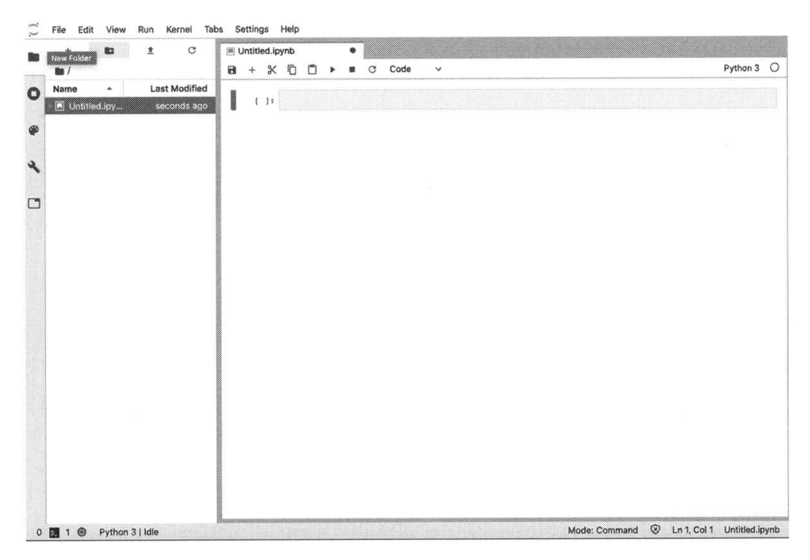

図 **1.2** JupyterLab 内で Notebook をクリックした後の画面

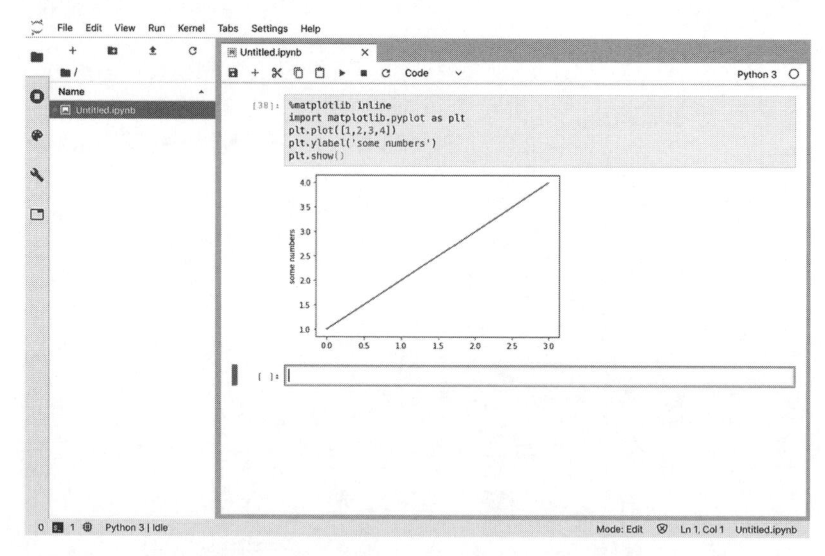

図 **1.3** Notebook 内のセルでサンプルプログラムを実行した結果

```
%matplotlib inline
import matplotlib.pyplot as plt
plt.plot([1,2,3,4])
plt.ylabel('some numbers')
plt.show()
```

を入力して右三角形ボタンをクリックすると，図 1.3 のような結果が得られる．本書に示したプログラムは，この方法で実行すれば動作を確認することができる．JupyterLab のより詳しい使い方は，Web サイト

https://jupyterlab.readthedocs.io/

を参照するとよい．

第2章

Pythonの基礎

第 2 章では，Python 言語の機能のうち，本書で用いるものを解説する．Python 言語にはここで述べたもの以外にも様々な機能がある．それらの機能を解説する書籍は多数出版されているので，興味のある読者はそれらを参照してほしい．また，最新の機能を確認するには，Python 公式のマニュアルをインターネットで参照することが望ましい．

Python 言語を用いた様々なアルゴリズムの実行方法は，参考文献 [1] などで学ぶことをお勧めする．

2.1 データ構造

2.1.1 リスト

Python でよく用いられるデータ構造にリストがある．リストは，Python のオブジェクトを要素とする．リストを定義するには，要素とするオブジェクトをカンマで区切って並べて，角括弧 [] で囲う．次のプログラムは，1, 2, 3 を要素とするリストを定義するものである．

```
my_list=[1,2,3]
print(my_list)
```

このプログラムの実行結果は次のとおりである．

```
[1, 2, 3]
```

リストの要素はすべてが同じ型である必要はない．例えば，次のプログラムは，整数と文字列を要素として持つリストを扱うものである．

```
my_list=[1,"Book"];
for i in my_list:
    print(i);
```

このプログラムの実行結果は次のとおりである．

```
1
Book
```

次のプログラムは，リストの各要素に1を足した値を画面に表示するものである．

```
my_list=[1,2,3,4]
my_list[0]+=1
my_list[1]+=1
my_list[2]+=1
my_list[3]+=1
print(my_list)
```

```
[2, 3, 4, 5]
```

リスト my_list の i 番目の要素にアクセスするには，my_list[i-1] とする．ここで，要素を表す添字は0から始まり，1からではないことに注意する．つまり，最初の要素は，my_list[0] であり，my_list[1] ではない．

Pythonでは，添字に負の値を用いることができる．例えば，my_list[-1] は，リスト my_list の最後の要素を表す．同様に，my_list[-2] は，リスト my_list の最後から2番目の要素を表す．

```
my_list=[1,2,3,4,5,6,7,8]
print(my_list[-1])
print(my_list[-2])
```

```
8
7
```

リストは，初期化の後に要素を追加することができる．append() は，リストの末尾に引数で指定した値を追加するものである．

```
my_list=[1,2,3,4];
print(my_list);
my_list.append(50);
print(my_list);
```

```
[1, 2, 3, 4]
[1, 2, 3, 4, 50]
```

これに対して，リストの指定した場所に要素を追加するには insert() を用いる．

```
my_list=[1,2,3,4]
my_list.insert(0,10)
print(my_list)
my_list.insert(3,100)
print(my_list)
```

```
[10, 1, 2, 3, 4]
[10, 1, 2, 100, 3, 4]
```

2 行目で insert() によりリスト my_list に要素を追加する．insert() の最初の引数は挿入する位置を指定し，2 番目の引数は挿入する要素を指定する．2 行目は，0 番目の要素として要素 10 を追加する命令である．4 行目は，10 を追加後のリストに，さらに 4 番目の要素として 100 を追加する命令である．

リストのすべての要素に添字を用いてアクセスしたい場合には，次の方法がよく用いられる．

```
my_list=[1,2,3,4];
for i in range(len(my_list)):
    print(my_list[i]);
```

```
1
2
3
4
```

len(my_list) は，リスト my_list の要素数を返すものである．したがって，range(len(my_list)) で，0 から my_list の要素数 -1 までの整数の配列が得られる．したがって，for i in range(len(my_list)) により，リストの各要素の添字が得られる．

リストの一部分にアクセスするためにスライスを用いることができる．リスト my_list について，my_list[s:e] は，my_list の s 番目から e-1 番目までの要素を表す．例えば，my_list の 1 番目から 3 番目までの要素を取り出すには，my_list[1:4] とすればよい．ここで注意するべきなのは，最後の要素は my_list[4] ではなく，my_list[4-1] であることである．

```
my_list=[1,2,3,4,5,6,7,8]
my_list[1:4]
```

```
[2, 3, 4]
```

スライスで s を省略した my_list[:e] は，my_list[0:e] を表す．また，e を省略した my_list[s:] は，s 番目から最後までの要素からなるリストを表す．

```
my_list=[1,2,3,4]
my_list[:3]
```

```
[1, 2, 3]
```

```
my_list[2:]
```

```
[3, 4]
```

このように，my_list[:3] は my_list[0], my_list[1], my_list[2] を要素とするリスト，my_list[2:] は my_list[2], my_list[3] を要素とするリストを表す．

スライスには，my_list[s:e:d] という使い方もある．これは，my_list[s], my_list[s+1], ..., my_list[e-1] の要素を，d の間隔で取り出すリストを表す．

```
my_dist=[1,2,3,4,5,6,7,8]
my_dist[2:8]
```

```
[3, 4, 5, 6, 7, 8]
```

```
my_dist[2:8:3]
```

```
[3, 6]
```

2 行目は，my_dist[2]，my_dist[3]，...，my_dist[7] までを取り出す命令なので，[3,4,5,6,7,8] が表示される．4 行目の my_dist[2:8:3] は同じ範囲の要素を，3 つおきに取り出す命令である．したがって，my_dist[2]，my_dist[5] からなるリストが得られる．これを画面に表示した結果が 5 行目

の [3,6] である．

あるオブジェクトがリストの要素に含まれるか否かは，inを用いると判定できる．次のプログラムは，1と10がそれぞれリストmy_listに含まれるか否かを示す真偽値を表示するプログラムである．

```
my_list=[1,2,3,4]
print("1 in my_list? : ", 1 in my_list)
print("10 in my_list? : ", 10 in my_list)
```

```
1 in my_list? :  True
10 in my_list? :  False
```

1はmy_listの要素であるので1 in my_listは真(True)を返す．それに対して，10はmy_listの要素ではないので，10 in my_listは偽(False)を返す．

また，not in 式は，in 式の真偽を逆にした値を表す．次のプログラムは，inの代わりにnot inを用いたものである．

```
my_list=[1,2,3,4]
print("1 not in my_list? : ", 1 not in my_list)
print("10 not in my_list? : ", 10 not in my_list)
```

```
1 in my_list? :  False
10 in my_list? :  True
```

1 not in my_listは，my_listは1を要素として含むのでFalseとなる．一方で，10 not in my_listは，my_listは10を要素として含まないのでTrueとなる．

要素には，リストを指定することができる．これは，リストのリストと呼ばれる．次に示すのは，リストのリストを用いたプログラムの例である．

```
my_list=[[1,2,3],[4,5,6,7]]
for ele in my_list:
    print(ele)
```

my_listは，リスト [1,2,3] と [4,5,6,7] の2つを要素とするリストである．2，3行目のfor文は，リストmy_listの各要素eleに対して文print(ele)を実行するものである．print(ele)はリスト全体を表示するので，最初の要素に対しては [1,2,3]，2番目の要素に対しては [4,5,6,7] が画面に表示される．このプログラムの実行結果は次のとおりである．

```
[1, 2, 3]
[4, 5, 6, 7]
```

リストのリストを用いる場合，要素であるリストの要素に対して処理を行いたい場合がある．次のプログラムは，最初の要素であるリストの各要素に5を，2番目の要素であるリストの各要素に10を足した値を画面に表示するものである．

```
my_list=[[1,2,3],[4,5,6,7]]
for i in range(len(my_list)):
    for j in my_list[i]:
        print(j+(i+1)*5,end=" ")
    print()
```

1行目は，リストのリスト my_list を定めるものである．

2行目は，変数 i を 0 から len(my_list)-1 までの値に順に定めるものである．my_list の要素数は2であるので，i の値は0と1に順に設定される．

3行目は，リスト my_list の i+1 番目の要素である my_list[i] の各要素を順に変数 j の値に設定するものである．

4行目は，my_list[i] の要素である j に，(i+1)*5 を足した値を画面に表示するものである．i の値が0であればこの値は5，i の値が1であればこの値は10になる．print() の2番目の引数に end=" "を指定したが，これは最初の引数 j+(i+1)*5 を画面に表示した後に，スペース" "を画面に表示するものである．この命令では改行は行われないことに注意する．

5行目の print() は，my_list[i] の処理を終えた後に改行するものである．

このプログラムの実行結果は次のとおりである．

```
6 7 8
14 15 16 17
```

2.1.2 辞書

リストは複数の要素を持つことができるデータ構造であるが，添字は0から始まる整数であった．辞書は，リストと同様に複数の要素を持つことができるデータ構造であるが，添字として整数以外のものを用いることかできる．例えば，製品 A,B,C の価格を保持したいとすると，

```
price[0]=100, price[1]=200, price[2]=300
```

とアクセスするよりも，

price['A']=100， price['B']=200， price['C']=300

とアクセスできたほうが便利であるが，辞書を用いるとこれが実現できる．

辞書は，波括弧{}のなかに，“キー”と“値”のペアを指定することで定義できる．次のプログラムは3つの要素を持つ辞書priceを定めるものである．

```
price={'C':100,'B':200,'A':300};
print(price);
print(price['A']);
```

```
{'C': 100, 'B': 200, 'A': 300}
300
```

辞書の要素は，:の左にキー，右に値を指定することで定められる．

いったん生成した辞書に，後から要素を追加するには，キーと値を指定すればよい．例えば，前のプログラムですでに生成した辞書priceに，キーが'D'，値が500の要素を追加するには，次のようにする．

```
price['D']=500
price
```

```
{'C': 100, 'B': 200, 'A': 300, 'D': 500}
```

これより，すでに3つの要素を持つ辞書priceに新たに要素が追加されたことがわかる．

辞書を，要素を持たない空の辞書として定めるには，={}を用いて次のようにする．

```
price={}
price['C']=100
price['B']=200
price
```

```
{'C': 100, 'B': 200}
```

このプログラムは，まずpriceを空の辞書（要素を持たない辞書）として定義して，その後，2つの要素を追加するものである．

辞書の内容を目で見て確認するときには，キーを何らかの順に並べたほうがわかりやすい場合が多い．辞書の要素を並べるには，sorted()を用いることができる．次のプログラムで用いている sorted(price) は，キーの値に従って，辞書 price のキーを整列するものである．

```
print(price);
print(sorted(price));
```

```
{'C':100, 'B':200}
['B', 'C']
```

ある辞書 my_dict の要素のキーのみを取り出すには my_dict.keys()，値のみを取り出すには，my_dict.values() を用いる．

```
my_dict={'A':300,'B':200,'C':100}
my_dict.keys()
```

```
dict_keys(['A', 'B', 'C'])
```

```
my_dict.values()
```

```
dict_values([300, 200, 100])
```

また，キーと値をペアで取り出すには，my_dict.items() を用いる．次のプログラムは，要素をキー k と値 v のペアとして取り出し，画面に表示するものである．

```
for k,v in my_dict.items():
    print("key:",k," value:",v)
```

1行目の my_dict.items() は辞書 my_dict の各要素を，キー k と値 v のペアとして順に設定するものである．

```
key: A  value: 300
key: B  value: 200
key: C  value: 100
```

辞書の値のなかの最大値を求めるには，最大値を求める関数 max() の引数に values() を渡せばよいが，辞書を用いた処理では，値の最大値に対応するキーを求めたい場合もある．その場合は，max() に key=を用いた引数を指定する．次のプログラムは，値の最大値を画面に表示する処理と，値の最大値に対応するキーを画面に表示する処理とを比べるものである．

```
max(my_dict.values())
```

```
300
```

```
maxkey=max(my_dict, key=my_dict.get)
maxkey
```

```
'A'
```

最初の命令は，my_dict の値の最大値を max() によって求めるものである．

次の max() では，2 番目の引数に key=my_dict.get を指定している．このことにより，値の最大値 300 に対応するキー A を得ることができる．

max() に key=を用いると，大小比較の基準を指定することができる．例えば，次のプログラムは，リスト list1 の要素を通常の整数の大小比較によって比較し，最大値を求めるものである．したがって，2 が得られる．

```
list1=[-3,-2,-1,0,1,2]
max(list1)
```

```
2
```

同じリスト list1 について，要素の絶対値の最大値を求めたいとすると，key=を用いて次のようにする．

```
max(list1,key=abs)
```

```
-3
```

ここで，key=に指定した abs は引数の絶対値を求める関数であり，次のように使うものである．

```
abs(-2)
```

```
2
```

max(list1,key=abs) は，list1 の各要素 i について，abs(i) の値を大小比較の基準としたときの最大値を返す．list1 の各要素の絶対値は $3, 2, 1, 0, 1, 2$ になり，これらの最大値は 3 である．したがって，この 3 を与える要素である -3 がこの基準での最大値となる．これより，max(list1,key=abs) は-3 を返すことになる．

プログラムでは，max() の key= に my_dict.get を指定した．my_dict.get() は，引数に辞書のキーを与えることで対応する値を返すメソッドである．例えば，次のように使う．

```
my_dict.get('A')
```

```
300
```

したがって，max() の key= にこの get() を指定すると，辞書 my_dict の各要素のキーを my_dict.get() の引数に与えたときの値を最大にするキーを返すことになる．次のプログラムは，3 つの要素を持つ辞書について，各要素のキーを get() の引数に指定して得られる値を示すものである．

```
my_dict={'C':100,'B':200,'A':300}
my_dict.get('A')
```

```
300
```

```
my_dict.get('B')
```

```
200
```

```
my_dict.get('C')
```

```
100
```

こうして，300, 200, 100 という値が得られるが，これらの 3 つの数値に基づいて辞書の要素を大きい順に並べ替えると，'A':300,'B':200,'C':100 となる．この基準での最大の要素は 'A':300 であるのでこれに対応するキーとして，max(my_dict,key=my_dict.get) の返り値は A となる．

辞書は，各要素の値を辞書にすることができる．これを辞書の辞書と呼ぶ．例えば，行列は，行の名前をキー，その行を表すベクトルを値とする辞書として表すことができる．これは，辞書の辞書の例である．次のプログラムは，3×3 の行列

$$P = \begin{bmatrix} 0.2 & 0.6 & 0.2 \\ 0.7 & 0.2 & 0.1 \\ 0.5 & 0.3 & 0.2 \end{bmatrix}$$

を辞書として表すものである.

```
P={}
P[1]={1:0.2,2:0.6,3:0.2}
P[2]={1:0.7,2:0.2,3:0.1}
P[3]={1:0.5,2:0.3,3:0.2}
P
```

```
{1: {1: 0.2, 2: 0.6, 3: 0.2}, 2: {1: 0.7, 2: 0.2, 3:
   0.1}, 3: {1: 0.5, 2: 0.3, 3: 0.2}}
```

1行目は，行列を表す辞書 P を空の辞書として定めるものである．2行目は，キーを1，値を {1:0.2,2:0.6,3:0.2} とする要素を定めるものである．こうすると，行列 P の $(1,1)$ 成分は P[1][1] によって表すことができる．

行列を辞書で表すメリットの1つは，行と列の添字として意味がわかりやすいキーを用いることができることである．例えば，行列 P が都市 A, B, C から都市 A, B, C への1年間の人口移動の割合を表すとする．1行目と1列目が都市 A に，2行目と2列目が都市 B に，3行目と3列目が都市 C に対応するとすると，この行列 A は次のように表される．

$$
\begin{array}{cc}
 & \begin{array}{ccc} \mathrm{A} & \mathrm{B} & \mathrm{C} \end{array} \\
P = \begin{array}{c} \mathrm{A} \\ \mathrm{B} \\ \mathrm{C} \end{array} & \begin{bmatrix} 0.2 & 0.6 & 0.2 \\ 0.7 & 0.2 & 0.1 \\ 0.5 & 0.3 & 0.2 \end{bmatrix}
\end{array}
$$

この場合は，キーとして，1, 2, 3 の代わりに A, B, C を用いるとわかりやすい．

```
P={}
P['A']={'A':0.2,'B':0.6,'C':0.2}
P['B']={'A':0.7,'B':0.2,'C':0.1}
P['C']={'A':0.5,'B':0.3,'C':0.2}
P
```

```
{'A': {'A': 0.2, 'B': 0.6, 'C': 0.2}, 'B': {'A': 0.7, 'B'
   : 0.2, 'C': 0.1}, 'C': {'A': 0.5, 'B': 0.3, 'C': 0.2}}
```

こうすると，都市 A から B への移動割合は，P['A']['B'] と表すことができる．

2.1.3　集合

Python には集合を扱うデータ型もある．複数のデータからなるデータ型という点ではリストと似ているが，集合では要素が重複することはなく，また，要素は順序を持たない．集合を定めるには，{} のなかに要素をカンマで区切って並べる．例えば，次のプログラムは，1, 2, 3 を要素とする集合を定めるものである．

```
aSet={1,2,3}
type(aSet)
```

```
<class 'set'>
```

集合では要素が重複しない．次のプログラムのように，集合を定める際に同じ要素を複数回指定しても，得られた集合では1度しか現れない．

```
aSet={1,2,3,1};
print(aSet);
```

```
{1, 2, 3}
```

また，set() の引数にリストを指定すると，指定したリストの要素を要素とする集合が得られる．

```
tlist=[3,2,3,2,1]
aSet=set(tlist)
aSet
```

```
{1, 2, 3}
```

このプログラムのリスト tlist では，2 と 3 が重複した要素である．しかし，set(tlist) によって得られた集合 aSet では，重複した要素が取り除かれている．ただし，aSet では，tlist のときに持っていた要素間の順序はなくなっていることに注意する．

2.2　科学技術計算パッケージ NumPy

NumPy は，Python による科学技術計算のためのパッケージである．公式ホームページは，https://numpy.org/である．このパッケージは多次元配列を実現するデータ構造，様々な数学関数，擬似乱数生成器などを提供する．さらに，分散処理，GPU，疎行列ライブラリにも対応している．NumPy の計算機能自体は最適化された C 言語のコードで構成されており，その高速な機能を Python から利用することができる．

Python で NumPy を利用するためには，次の命令でインポートする．

```
import numpy as np
```

インポートの際の略称には，np がよく用いられる．本書以外でも，プログラム例で np とある場合は，numpy を表していることが多い．

2.2.1 配列オブジェクト ndarray

NumPy で多次元配列を表すオブジェクトとして ndarray がある．ndarray のインスタンスを生成するには，array，zeros，empty などを用いる．

例えば，3 つの要素を持った配列を ndarray として定義するには次のようにする．

```
a=np.array([1,2,3])
a
```

```
array([1, 2, 3])
```

生成した配列オブジェクトに後でアクセスするには，=を用いて変数に代入しておけばよい．ここでは，a という名前でアクセスできるようにしている．

また，5 つの 0 を要素とする配列を生成するには，次のようにする．

```
vec1=np.zeros(5)
vec1
```

```
array([0., 0., 0., 0., 0.])
```

empty() は，要素の値が不定のまま，指定した大きさの配列を生成する関数である．次のプログラムは，5 つの要素を持つがそれらの値は定まっていない配列を empty() により生成するものである．

```
c=np.empty(5)
c
```

```
array([0., 0., 0., 0., 0.])
```

ここで，3 行目の表示では各要素の値が 0 になっているが，これは 0 を要素とした配列を生成したわけではなく，たまたま 0 になっている，ということに注意する．

2.2.2 配列生成ルーチン arange

数値計算においては，様々な処理をするために配列を生成することがよくある．このための便利なルーチンとして arange() がある．arange() は，引数で指定した範囲を等間隔で分割して得られる値を要素とする配列を返すルーチンである．

例えば，3 から 7 までの区間を間隔 1 で分割して得られる値を要素とする配列を返すには，次のようにする．

```
np.arange(3,7)
```

```
array([3,4,5,6])
```

このように，3, 4, 5, 6 を要素とする配列が生成されることがわかる．この例では，区間の範囲を指定する 3 と 7 のみを引数として与えたが，これらに加えて間隔を示す引数を指定することもできる．次のプログラムは，同じ 3 から 7 までの区間を間隔 2 で分割して得られる値を要素とする配列を返すものである．

```
np.arange(3,7,2)
```

```
array([3,5])
```

間隔には小数を指定することもできる．

```
np.arange(3,7,1.5)
```

```
array([3., 4.5, 6.]
```

2.2.3 線形方程式の求解 linalg.solve()

NumPy では linalg によって線形代数の演算を扱うことができる．特に，linalg のルーチン solve() を用いると，線形方程式を解くことができる．

例えば，線形方程式

$$\begin{bmatrix} 1 & 2 \\ 3 & 5 \end{bmatrix} \begin{bmatrix} x_0 \\ x_1 \end{bmatrix} = \begin{bmatrix} 1 \\ 2 \end{bmatrix}$$

の解を求めるには，次のプログラムを用いることができる．

```
import numpy as np
A=np.array([[1,2],[3,5]])
b=np.array([1,2])
x=np.linalg.solve(A,b)
print(x)
```

```
[-1.  1.]
```

このプログラムによって線形方程式の解 $[x_0\ x_1]^\top = [-1\ 1]^\top$ が NumPy の配列 x として得られる．この x の値が実際に方程式の解になっているかどうかは allclose() を用いて確認することができる．

```
np.allclose(np.dot(A,x),b)
```

```
True
```

ここで，np.dot(A,x) は，行列 $\boldsymbol{A}$ を表す A とベクトル $\boldsymbol{x}$ を表す x との積を求めるものである．そして，allclose(x,y) は，x の値と y の値が十分に近いときに真 (True)，そうでないときに偽 (False) を返すルーチンである．一般に，コンピュータでの計算は，数値誤差の影響を受ける．例えば，分数 1/3 は無限小数 0.333333... で表されるが，コンピュータ上では有限の桁，例えば小数点以下 16 桁までしか扱うことができない．このために，厳密な数値と計算機上で表現した数値との間に差が生じる．そこで，ある値 x とある値 y が等しいかどうかの判定は，x と y の値が "十分に近い" かどうかによって判定する必要がある．これを実行するのが，allclose() である．実際，x=np.linalg(solve(A,b)) で求めた x について，np.dot(A,x)-b の値を計算すると次のようになる．

```
np.dot(A,x)-b
```

```
array([-1.11022302e-16,  0.00000000e+00])
```

x が方程式 $\boldsymbol{Ax} = \boldsymbol{b}$ の解であれば，$\boldsymbol{Ax} - \boldsymbol{b}$ は 0 になるはずであるが，計算機では有限の桁で計算を行うので，$\boldsymbol{Ax} - \boldsymbol{b}$ を表す np.dot(A,x)-b は厳密に 0 にはなっていない．したがって，演算子==を用いて np.dot(A,x) と b が同じベクトルであるかどうかを判定すると，次のようになる．

```
np.dot(A,x)==b
```

```
array([False,  True])
```

このように，第 1 要素が False になってしまう．このため，np.dot(A,x) の値と b が等しいかどうかの判定は，==ではなく，allclose() を用いて行わなければならない．allclose(x,y) を用いれば，計算機の表現できる桁数を考慮した上で，x と y の値が同じと判定されれば真が返される．

```
np.allclose(np.dot(A,x),b)
```

```
True
```

2.2.4 ノルムの計算 linalg.norm()

ベクトルや行列に対して，ノルムといわれる量が定められる．関数 linalg.norm() は，このノルムを返すものである．本書ではベクトルに対するノルムのみを扱う．

一般に，ベクトル $\boldsymbol{x}$ のノルムとは，次の 3 つの性質を満たす関数 $f : \mathbb{R}^n \to \mathbb{R}$ である．

正値性 $f(\boldsymbol{x}) \geq 0, f(\boldsymbol{x}) = 0 \Leftrightarrow \boldsymbol{x} = \boldsymbol{0}$
斉次性 $f(\alpha\boldsymbol{x}) = |\alpha| f(\boldsymbol{x}), \forall\alpha \in \mathbb{R}$
三角不等式 $f(\boldsymbol{x} + \boldsymbol{y}) \leq f(\boldsymbol{x}) + f(\boldsymbol{y})$

ベクトル

$$\boldsymbol{x} = \begin{bmatrix} x_0 \\ x_1 \\ \vdots \\ x_{n-1} \end{bmatrix}$$

のノルムとしてよく用いられるものに，1-ノルム $\|\boldsymbol{x}\|_1$ と 2-ノルム $\|\boldsymbol{x}\|_2$ がある:

$$\text{1-ノルム} \quad \|\boldsymbol{x}\|_1 = \sum_{i=0}^{n-1} |x_i|$$

$$\text{2-ノルム} \quad \|\boldsymbol{x}\|_2 = \sqrt{\sum_{i=0}^{n-1} x_i^2}$$

これらに加えて，次の式で定義される 0-ノルムもよく用いられる．

$$0\text{-ノルム}\quad \|\boldsymbol{x}\|_0 = \boldsymbol{x}\text{ の非ゼロ要素の数}$$

0-ノルムは，上記のノルムの 3 つの性質は満たさないのでノルムではないが，慣用的に "ノルム" と呼ばれている．

次のプログラムは，`linalg.norm()` を用いてベクトル $\boldsymbol{x} = [1.0\ 0.0\ 2.0\ 3.0]$ を表す x の 2-ノルムと，ベクトル $\boldsymbol{y} = [1.0\ 0.0\ 0.0\ 2.0]$ を表す y の 1-ノルム，0-ノルムを求めるプログラムである．

```
x=[1.0,0.0,2.0,3.0]
np.linalg.norm(x,2)
```

```
3.7416573867739413
```

```
y=[1.0,0.0,0.0,2.0]
np.linalg.norm(y,1)
```

```
3.0
```

```
np.linalg.norm(y,0)
```

```
2.0
```

この関数 `linalg.norm()` を用いると，配列 x と y が十分に近いかどうかを，`linalg.norm(x-y,2)` が十分に 0 に近いか否かによって判定することができる．

2.3 条件分岐

2.3.1 if 文

条件に応じた処理を行うには `if` を用いることができる．次のプログラムは，整数 i が偶数のときだけその値を画面に表示するものである．

```
i=5
if i%2==0:
    print(i)
i=6
```

```
if i%2==0:
    print(i)
```

このプログラムの実行結果は次のとおりである．

```
6
```

i=5 とすると i は偶数ではないので，print(i) は実行されない．i=6 とすると i は偶数なので，print(i) は実行され，画面に 6 が表示される．

if 文の一般的な形式は，次のものである．

```
if 式:
    文
```

ここで，if の後の式は真 (True) か偽 (False) を返す式である．これが真であれば文を実行し，偽であれば文は実行しない．前の例では，この式の部分は i%2==0 である．この式は，i が偶数なら真になり，そうでなければ偽になる．

2.3.2 if-else 文

if 文は，式が真である場合に文を実行する仕組みであった．式が偽である場合には何もしない．これに対して，if-else 文は，式が偽である場合には真である場合とは異なった文を実行するものである．

次のプログラムは，i が偶数である場合には i の値を表示し，偶数でない場合には i が偶数ではないことを画面に表示するものである．

```
i=5
if i%2==0:
    print(i)
else:
    print(i," is not even.")
i=6
if i%2==0:
    print(i)
else:
    print(i," is not even.")
```

このプログラムの実行結果は次のとおりである．

```
5  is not even.
6
```

2.3.3 if-elif 文

if-else 文を用いると，1 つの文が真の場合と偽の場合で実行する処理を分けることができる．これに対して，if-elif 文を用いると，2 つ以上の文を用いて 3 個以上の処理の分岐を実現することができる．

次のプログラムは，0 から 9 までの各整数について，その値が 3 以下であれば 3 以下，4 以上 6 以下なら 4 以上 6 以下，7 以上なら 7 以上と画面に表示するものである．

```
i=2
if i<=3:
    print(i,"は3以下")
elif i<=6:
    print(i,"は4以上6以下")
else:
    print(i,"は7以下")
```

このプログラムの実行結果は次のとおりである．

```
2は3以下
```

最初の if 文の式は i<=3 であるが，これは i の値が 3 以下ならば真，そうでないなら偽を返す．この式が偽である場合は，処理は elif i<=6 の行に進む．この行では，elif の後の式が真であるか偽であるかを判定する．真であれば，elif 文の次の行からの print 文を実行する．偽であればこの文は実行せずに，else 行に進む．else 文ではチェックする式はなく，次の行の文を実行する．

上記のプログラムでは i=2 としているので，2 行目の i<=3 が真となる．したがって，3 行目の print() 文が実行される．いま，1 行目の i=2 を i=4 に変更したとする．そうすると，2 行目の i<=3 は偽となる．したがって，3 行目の print() 文は実行されず，4 行目に移る．そして，4 行目での式 i<=6 を評価する．今度は i=4 であるので，i<=6 は真となる．したがって，5 行目の print() 文が実行される．こうして 5 行目の式が実行されて，6，7 行目の処理は実行されずに if-elif 文全体の実行を終える．

このプログラムでは，2 つの式を用いて 3 つのケースを定め，それぞれで異なる処理を実行している．これを一般的な形式で書くと，次のようになる．

```
if 式1:
    文1
```

```
elif 式2:
    文2
else:
    文3
```

この if-elif 文は，式 1 が真であるとき文 1 が実行される．式 1 が偽で，式 2 が真の場合には文 2 が実行される．式 1 と式 2 がともに偽であれば文 3 が実行される．

ここで述べた例で用いた式は式 1 と式 2 の 2 つだが，用いる式の数はいくつでもよい．n 個の式を用いた if-elif 文では，$n+1$ 個の条件分岐を表すことができる．

2.4 繰り返し処理

2.4.1 for 文

Python で用いることのできる繰り返し処理の 1 つに，for 文がある．

まず，for 文を用いたプログラムの例を示す．

```
for i in range(5):
    print(i)
```

ここで，range(5) は，0 から $5-1=4$ までの整数を表す．この for 文は，変数 i の値を 0, 1, 2, 3, 4 と順に設定し，その i の各値に対して print(i) を実行する．このプログラムの実行結果は次のとおりである．

```
0
1
2
3
4
```

for 文は，一般的に次のような形をとる．

```
for 変数 in イテラブル:
    文
```

イテラブルは，反復可能なオブジェクトを表すが，プログラミングの概念に馴染みのない読者は，その要素を定められた順番で 1 つずつ返すオブジェクト，と考えておけばよい．例えば，前の例で用いたイテラブル range(5) は，

0, 1, 2, 3, 4 という要素を，小さいほうから 1 つずつ順に返すオブジェクトである．

for 文を用いた他のプログラムの例を示す．

```
mylist=list(range(5))
mysum=0
for i in mylist:
    mysum+=i
    print(mysum)
```

これは，range(5) を list() によってリスト mylist に変換し，そのリスト mylist の各要素に対して文を実行する．3 行目の for 文で，変数 i の値が mylist の各要素の値に順に設定される．そして，4 行目で変数 mysum に i の値が足される．そして，5 行目の文で得られた mysum の値を画面に表示する．

このプログラムの実行結果は，次のとおりである．

```
0
1
3
6
10
```

for 文による繰り返し文の途中では，break 文によって処理を途中で終了することができる．例として，次のプログラムを挙げる．

```
for i in range(10):
    if i>5:
        print(i," is greater than 5.")
        break;
```

このプログラムの for 文では，4 行目で break を用いている．この break は，繰り返し処理を終了するものである．この for 文では，i の値を 0, 1, 2,..., 9 と順に設定し，そのそれぞれの値について文を実行する．2 行目の if の後の式 i>5 が成り立てば，3，4 行目の命令を実行し，そうでなければ，3，4 行目の処理は実行せずに次の i の値に進む．

このプログラムを実行すると，i の値が 0, 1,..., 5 までは 3，4 行目は実行されず，i の値が 6 になったときに初めて 3，4 行目が実行される．3 行目の命令で，6 is greater than 5. と表示され，4 行目で break が実行される．break 文はその場で反復処理を終える命令である．1 行目の for 文では，i の値は 0, 1,..., 9 を順にとるように指定しているが，i の値が 6 の時点で break

が実行されることによって反復処理が終了する．これにより，iが7, 8, 9の場合の処理はなされずに終わる．このプログラムを実行した結果は，次のとおりである．

```
6  is greater than 5.
```

これを，4行目のbreak文を取り除いたプログラムの実行結果と比較するとより理解が深まるだろう．4行目のbreakを削除したプログラムを実行した結果は次のとおりである．

```
6  is greater than 5.
7  is greater than 5.
8  is greater than 5.
9  is greater than 5.
```

for文ではelseを用いることができる．else節は，繰り返し処理の最後の回が実行された後に実行される．次のプログラムは，else節を用いたfor文の例である．

```
my_list=[1,5,10,15]
for i in my_list:
    if i==7:
        print("7 has been found in the list.")
        break;
else:
    print("7 has not been found in the list.")
```

このプログラムは，リストmy_listの要素として7が含まれているかどうかをテストするものである．7が含まれている場合は，4行目の命令で

```
7 has been found in the list.
```

と画面に表示され，それ以降の要素はチェックせずにfor文の反復処理を終える．一方，7が含まれない場合は，my_listの最後の要素まで処理が継続される．この場合には，else節の文が実行されるので，7行目の命令で

```
7 has not been found in the list.
```

と画面に表示される．else節を取り除いたプログラムの実行結果と比較すると，else節の効果がわかりやすい．この場合は，my_listに7が含まれないと画面に何も表示されずに実行を終了する．

forのイテラブルとして，辞書を指定することができる．この場合，辞書

の各要素のキーが順に得られる．例えば，次のプログラムの2行目のfor文では，変数iの値として，辞書my_dictのキー'B'，'A'，'C'が順に設定される．そして，キーiに対する値はmy_dict[i]によって得られる．

```
my_dict={'B':200,'A':300,'C':100}
for i in my_dict:
    print(i,my_dict[i])
```

```
B 200
A 300
C 100
```

for文を用いて辞書のキーと値の両方にアクセスするには，items()を用いる．次のプログラムは，辞書my_dictの各要素のキーと値の両方を取り出し，画面に表示するものである．

```
my_dict={'A':300,'B':200,'C':100}
for k,v in my_dict.items():
    print("key:",k," value:",v)
```

```
key: A  value: 300
key: B  value: 200
key: C  value: 100
```

2行目のmy_dict.items()が辞書の要素を得る命令である．これはイテラブルであり，各要素のキーと値が順に取り出される．取り出した値をそれぞれkとvとして得るには，for k,vとすればよい．こうして得たkとvの値をprint()で画面に表示するのが3行目の命令である．

for文は，入れ子で用いることができる．例えば，辞書の辞書について各要素を表示するには，次のように2つのfor文を入れ子で用いるとよい．

```
P={}
P['A']={'A':0.2,'B':0.6,'C':0.2}
P['B']={'A':0.7,'B':0.2,'C':0.1}
P['C']={'A':0.5,'B':0.3,'C':0.2}
for i in P:
    for j in P[i]:
            print(P[i][j],end=",")
    print()
```

```
0.2,0.6,0.2,
0.7,0.2,0.1,
0.5,0.3,0.2,
```

5行目の最初の for i in P では，i の値として辞書 P のキー'A'，'B'，'C' が順に設定される．そして，これらのキー i に対する値は，それ自身が再び辞書になっている．例えば，P['A'] は，辞書 {'A':0.2,'B':0.6,'C':0.2} である．

いま，i の値が'A' であるとする．2番目の for 文である6行目の for j in P[i] では，j の値として P['A'] のキー'A'，'B'，'C' が順に設定される．したがって，7行目の print 文により P['A']['A'], P['A']['B'], P['A']['C'] の値が表示される．

2.4.2　while 文

Python で繰り返し処理を実行する仕組みとして，for 文の他に while 文がある．

次のプログラムは，while 文を用いたプログラムの例である．

```
i=0
while i<5:
    print(i)
    i=i+1
```

```
0
1
2
3
4
```

1行目では，変数 i の値を 0 に初期化している．そして，2–4 行目が while 文による繰り返し処理である．2行目では while の後に i<5 という式が書かれている．この条件が成り立っている間，3，4行目の文を実行する．3行目では現在の i の値を表示し，4行目では現在の i の値を i+1 の値に置き換える．すなわち，i の値を1大きくする．3，4行目を1度実行すると，i の値が0から1に変わり，2行目に戻って再び式 i<5 が成り立つかどうかを判定する．i が1であれば i<5 が真となるので，3，4行目の処理をもう一度実行する．この処理が，i の値が 2, 3, 4, 5 と変わる間，継続される．i の値が 5

の状態で4行目の命令が実行されると，i の値が6となる．この後に2行目に戻り，式 i<5 を判定すると，この値は偽となる．この段階で，while 文の繰り返し処理は終了し，3，4行目はもう実行されない．

while 文の一般的な形式は次のとおりである．

```
while 式:
    文
```

式が真であれば文を実行し，再び式の真偽を確認する．そうして式が再び真であれば，もう一度文を実行する．この処理を繰り返して，式が偽になった段階で文はもう実行せずに繰り返し処理が終わる．

さて，while 文の式に True を指定する方法もよく用いられる．次のプログラムは，前のプログラムと同じ処理を while True: を用いて実現するものである．

```
i=0
while True:
    print(i)
    i=i+1
    if i>=5:
        break
```

```
0
1
2
3
4
```

1行目で変数 i の値を0に初期化している．2行目で while の後に置かれた式である True を評価するが，この値は True なので，3行目に進み，画面に i の値を表示する．続いて，4行目で現在の i の値を1大きくする．5行目の if の後の式は i>=5 であるが，この式が真である場合，6行目の break が実行されることで while 文の繰り返し処理が終わる．そうでない場合は2行目に戻る．

この形はよく用いられるが，繰り返し処理のなかの if 文の条件がいずれは真となり，break が実行されるように注意する必要がある．if 文の条件がいつまでも成り立たなければ，while 文の処理が無限に繰り返されてしまう．

2.5　擬似乱数生成パッケージ random

random パッケージを用いると，擬似乱数を生成することができる．また，様々なかたちで擬似乱数を利用することができる．擬似乱数については，参考文献 [3] で学んでほしい．

random パッケージでは，様々な形で擬似乱数を利用することができる．random パッケージを用いるにはインポートが必要である．

```
import random
```

最も基本的でよく用いられるのは random.random() であるが，これを用いると，0 以上 1 未満の擬似乱数を得ることができる．

```
random.random()
```

```
0.9874776281441546
```

また，random.gauss() を用いると，標準正規分布に従う擬似乱数を 1 つ得ることができる．

```
random.gauss(0.0,1.0)
```

```
1.2881847531554629
```

ここで，random() で生成するのは擬似乱数であり，乱数ではないことに注意する．擬似乱数は，漸化式によって生成される数列の要素であると考えるとよい．高校までの数学を学んだ読者なら，次の漸化式によって等差数列 $\{a_n\}$ が定められることを知っているであろう．

$$a_{n+1} = a_n + 3$$

例えば，初項 a_0 を 1 と定めれば，各項は次のように定まる．

$$a_0 = 1,\ a_1 = 4,\ a_2 = 7,\ a_3 = 10, \ldots$$

このように，漸化式で定められる数列は，初項を定めればそれ以降の項がすべて定まる．擬似乱数も漸化式によって定まるのであれば，初項が決まれば，それ以降の項は完全に知ることができる．

random では，random.seed() によって初期状態を指定することができる．これは，等差数列において初項を指定することと同様の効果がある．random.seed() は，擬似乱数の “種 (seed)” を指定するものである．具体的には，乱数の種を引数 1 を用いて設定するには

```
random.seed(1)
```

を実行する．この seed() の引数に同じ値を指定することで，いつでも同じ擬似乱数の列を生成することができる．次のプログラムは，seed(1) を実行した後に 4 個の擬似乱数を生成して画面に表示する，という処理を，2 回繰り返すものである．

```
random.seed(1)
trand=[random.random() for i in range(4)]
trand
```

```
[0.13436424411240122, 0.8474337369372327,
 0.763774618976614, 0.2550690257394217]
```

```
random.seed(1)
trand=[random.random() for i in range(4)]
trand
```

```
[0.13436424411240122, 0.8474337369372327,
 0.763774618976614, 0.2550690257394217]
```

この例で，1 回目に生成した擬似乱数のリストと 2 回目に生成した擬似乱数のリストとは，要素が互いに一致していることに注意する．このように，seed() に指定する引数の値さえわかれば，それ以降に random.random() により生成される数値は完全に予測できる．

一方で，seed() に異なる種を指定したら，異なる数列が得られる．次のプログラムは，乱数の種を 3 を用いて指定したのち，4 つの擬似乱数を生成するものである．

```
random.seed(3)
trand=[random.random() for i in range(4)]
trand
```

```
[0.5507979025745755, 0.7081478226181048,
   0.2909047389129443, 0.510827605197663]
```

したがって，確率的な現象を擬似乱数によってシミュレーションする際には，同一のサンプルを用いたい場合はseed()の引数に同じ値を設定し，異なるサンプルを用いたい場合は引数に異なる値を設定する，ということに注意する．

random.choice()は，引数に指定したデータからランダムに要素を返す．例えば，次のプログラムは引数に指定したリスト['win', 'lose', 'draw']からランダムに1つの要素を返すものである．

```
random.choice(['win', 'lose', 'draw'])
```

```
'lose'
```

random.choice()では各要素が返される確率は等しいが，random.choices()を用いると，各要素が返される確率を指定することができる．次のプログラムは，'win'，'lose'，'draw'をそれぞれ0.4, 0.2, 0.2の確率で選ぶことを10回繰り返すものである．

```
res=[]
for i in range(10):
    t = random.choices(['win', 'lose', 'draw'],weights
        =[0.4,0.2,0.2])[0]
    res.append(t)
res
```

```
['lose', 'win', 'draw', 'lose', 'win', 'win', 'win', '
    lose', 'win', 'draw']
```

この実行結果を見ると，'win'が5回，'lose'が3回，'draw'が2回選ばれており，'win'が最も多く選ばれていることがわかる．なお，random.choices()の返り値はリストであるので，tをリストではなくその要素とするために，末尾に[0]を付している．

さて，漸化式によって生成される，完全に予測可能な数列の要素は，“乱数”と言えるだろうか．乱数の重要な性質として“予測不能である”というものがあると考えて，予測不能ではない漸化式で生成される数列は“擬似”乱数と呼ばれる．

擬似乱数を生成する方法としてよく知られているものに，線形合同法がある．線形合同法は，次の漸化式に従って数列を生成するものである．

$$x_{n+1} = ax_n + c \bmod M$$

ここで，a，c，M はパラメータとする．また，$x \bmod M$ は x を M で割った余りを表す．例えば，$a=5$, $c=2$, $M=7$ とすると，$x_0=1$ としたときに線形合同法により生成される擬似乱数は次のとおりである．

$$x_{n+1} = 5x_n + 2 \bmod 7$$

$$x_0 = 1,\, x_1 = 0,\, x_2 = 2,\, x_3 = 5,\, x_4 = 6,\, x_5 = 4,\, x_6 = 1,\, x_7 = 0, \ldots$$

x_6 の値 1 が x_0 の値と一致したので，次の x_7 の値は x_1 と一致する．したがって，$a=5$, $c=2, M=7$ とした線形合同法では，

$$(1,0,2,5,6,4)$$

という周期 6 の数列が繰り返し生成されるということがわかる．

漸化式で発生させている以上，その数列が "ランダム" であることは望めない．そこで，数列の周期性や高次元分布などに着目し，"望ましい性質を持つ数列" を，乱数のようなもの，すなわち擬似乱数として用いている．`random` パッケージでは，擬似乱数生成器としてメルセンヌ・ツイスターが用いられている．これは，十分に長い周期など，良い性質を持つ擬似乱数を生成することができるものである．

2.6 可視化ライブラリ Matplotlib

Matplotlib は，可視化のためのライブラリである．`matplotlib` を用いるためのインポート文として，次のものがよく用いられる．

```
import matplotlib.pyplot as plt
```

次のプログラムは，(x, y) の値がそれぞれ (1,1), (2,4), (3,2), (4,3) である 4 つの点を，$x-y$ 平面上にプロットするものである．

```
import matplotlib.pyplot as plt
fig,ax=plt.subplots()
x=[1,2,3,4]
y=[1,4,2,3]
ax.plot(x,y)
```

2 行目の `subplots()` は，図と subplots を生成するものである．生成した図と

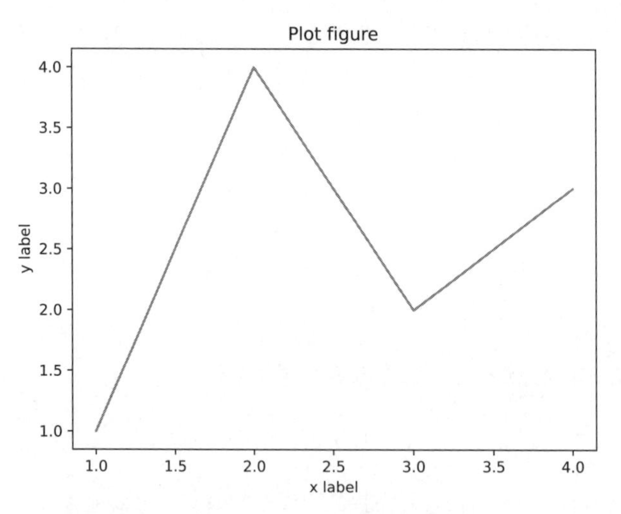

図 **2.1**　matplotlib を用いたプロット

subplots は返り値として返される．このプログラムでは，返り値の図を fig，subplot を ax でアクセスできるようにしている．

実際にプロットを実行する命令は5行目の ax.plot() であるが，最初の引数には各点の x 座標を表すリストを指定し，2番目の引数には各点の y 座標を表すリストを指定する．グラフに，横軸と縦軸の説明，タイトルの表示を追加するには set_xlabel(), set_ylabel(), set_title() を用いる．これらを用いた次のプログラムによって4点をプロットした図を，図2.1に示した．

```
import matplotlib.pyplot as plt
fig,ax=plt.subplots()
x=[1,2,3,4]
y=[1,4,2,3]
ax.plot(x,y)
ax.set_xlabel("x label")
ax.set_ylabel("y label")
ax.set_title("Plot figure")
```

2.7　関数

関数は，ひとまとまりの処理を実行する複数の命令を1つにまとめて，名前をつけたものである．この関数という仕組みは，同じ処理を繰り返し行う場合に便利である．例えば，リストの要素の和を求めたいとする．このためのプログラムとして次のものを用いる．

```
my_list1=[1,2,3,4]
sum1=0
for i in my_list1:
    sum1+=i
print("sum1:",sum1)

my_list2=[5,6,7,8,9]
sum2=0
for i in my_list2:
    sum2+=i
print("sum2:",sum2)
```

これは，2 つのリスト `my_list1` と `my_list2` に対して要素の和を求める繰り返し処理を実行する．このプログラムでは，2–5 行目と 8–11 行目とは変数名を除いて全く同じ処理を行っている．そこで，同じ処理を実行しているこれら 4 行の命令をまとめて，関数 `listsum()` として定めることにする．こうして定めた関数 `listsum()` を用いて同じ処理を実行するプログラムが次のものである．

```
def listsum(tlist):
    tsum=0
    for i in tlist:
        tsum+=i
    print("sum:",tsum)

my_list1=[1,2,3,4]
listsum(my_list1)

my_list2=[5,6,7,8,9]
listsum(my_list2)
```

このプログラムでは，関数 `listsum(tlist)` を，リスト `tlist` の要素の和を求めて画面に表示するものとして定めている．

関数を定める一般的な形式は，次のとおりである．

```
def 関数名(引数):
    return 値
```

この例では，関数名が listsum であり，引数が tlist である．8行目では，my_list1 を引数として listsum() を実行しており，11行目では，my_list2 を引数として listsum() を実行している．

関数では，return の後に値を指定することで，その値を返すことができる．関数 listsum() を，求めた和を返り値として返すように変更したプログラムを次に示す．

```
def listsum(tlist):
    tsum=0
    for i in tlist:
        tsum+=i
    return tsum

my_list1=[1,2,3,4]
sum1=listsum(my_list1)

my_list2=[5,6,7,8,9]
sum2=listsum(my_list2)

print("sum1:",sum1," sum2:",sum2)
```

このプログラムの実行結果は次のとおりである．

```
sum1: 10  sum2: 35
```

関数は，複数の引数をとり，複数の返り値を返すことができる．次のプログラムは，2つのリスト tlist1 と tlist2 を引数としてとり，それぞれの要素の和を2つとも返す関数 twolistsum() を定義して用いるプログラムである．

```
def listsum(tlist):
    tsum=0
    for i in tlist:
        tsum+=i
    return tsum

def twolistsum(tlist1,tlist2):
    tsum1=listsum(tlist1)
    tsum2=listsum(tlist2)
    return tsum1,tsum2
```

```
my_list1=[1,2,3,4]
my_list2=[5,6,7,8,9]
sum1,sum2=twolistsum(my_list1,my_list2)
print("sum1:",sum1," sum2:",sum2)
```

この関数 twolistsum() の定義は 7–10 行目である．7 行目では関数名を twolistsum，引数を tlist1，tlist2 の 2 つと定めている．

8 行目では，1–5 行目で定めた関数 listsum() を用いて tlist1 の要素の和を求めて tsum1 とする．9 行目では，同じく tlist2 の要素の和を求めて tsum2 としている．10 行目は，return を用いて tsum1 と tsum2 を返り値として返している．return の後に tsum1 と tsum2 をカンマで区切って並べているので，これら 2 つの値が返される．

2.8 内包表記

リストや辞書などを構築するための方法として，内包表記と呼ばれるものがある．次のプログラムは内包表記の例を示している．

```
my_list=[1,2,3,4,5,6]
[i for i in my_list]
```

```
[1, 2, 3, 4, 5, 6]
```

```
[2*i for i in my_list]
```

```
[2, 4, 6, 8, 10, 12]
```

1 行目では，リスト my_list を定義している．そして，2 行目が内包表記によるリストの表現の例である．2 行目の命令 [i for i in my_list] の実行結果が 3 行目であり，[1,2,3,4,5,6] と表示されている．これは，リスト my_list そのものである．

2 行目の

```
[i for i in my_list]
```

について，まず，全体が括弧 [] で囲われていることに注意する．これより，この2行目は全体としてリストを定めるものであることがわかる．そして，for i in my_list の部分は，for 文で用いるものと同様である．これにより，変数 i の値には my_list の各要素が順に設定される．そして，左の括弧 [の直後の i が，定めるリストの要素を表している．つまり，i を要素とするリストが定められることになる．これにより，2行目の内包表記は，3行目に示された [1,2,3,4,5,6] を表すことになる．

4行目は，2行目の内包表記において，括弧 [の直後の i を，2*i に変更したものである．その結果として実行結果が

```
[1, 2, 3, 4, 5, 6]
```

から

```
[2, 4, 6, 8, 10, 12]
```

に変わっている．

次に示すのは，if 文を用いた内包表記の例である．

```
my_list=[1,2,3,4,5,6]
[i for i in my_list]
```

```
[1, 2, 3, 4, 5, 6]
```

```
[i for i in my_list if i%2==0]
```

```
[2, 4, 6]
```

このプログラムの4行目の内包表記は，2行目の内包表記に if 文を加えたものである．4行目の実行結果を見ると [2,4,6] となっており，2行目の実行結果で表示されていた [1,3,5] が含まれていない．これが if 文を追加した効果である．4行目の内包表記のうち，次の部分

```
for i in my_list if i%2==0
```

は，2行目の内包表記における for i in my_list の末尾に，if i%2==0 を追加したものである．これは，my_list の要素のうち，i%2==0 が真となるもののみを取り出して i の値とする命令である．したがって，5行目は my_list の要素のうち偶数のみが表示されることになる．

内包表記の for 文は入れ子で使うことができる．その例を次に示す．

```
[x*y for x in range(1,3) for y in range(2)]
```

```
[0, 1, 0, 2]
```

この例では，x の値を range(1,3) で設定し，y の値を range(2) で設定している．x の値は順に 1, 2 となり，y の値は順に 0, 1 となる．これらの x と y の値について，x*y を要素とするリストがこの内包表記が表すものである．具体的には，次のリストを表す．

[1*0,1*1,2*0,2*1]=[0,1,0,2]

ここで， x に最初の値 1 を設定した状態で，y の値は 0, 1 と順に設定されることに注意する．その後，x が次の値 1 に設定され，その状態で y の値は再び 0, 1 と順に設定される．

内容表記は辞書に対しても使うことができる．次のプログラムは，辞書の各要素の値を 10 倍した辞書を表す内包表記の例である．

```
my_dict={'A':300,'B':200,'C':100}
res_dict={k:10*v for k,v in my_dict.items()}
res_dict
```

```
{'A': 3000, 'B': 2000, 'C': 1000}
```

2 行目が内包表記を用いて辞書 res_dict を定めるものである．まず，2 行目の = より右側全体が括弧 {} で囲まれているので，辞書を定めるものであることがわかる．辞書の各要素に対して繰り返し処理を行う for 文では，2.4.1 項で述べたように

```
for k,v in my_dict.items():
```

という命令を用いることができる．辞書の要素はキーと値のペアであり，my_dict.items() で得られる要素は k と v で表される．2 行目は，for 文で得た k と v を用いて辞書を定義するものである．左括弧 { の直後の式が k:10*v であるが，これは，新たに定義する辞書の要素を，キー k と値 10*v のペアとして定めることを示している．したがって，この内包表記は

```
res_dict={'A':10*300,'B':10*200,'C':10*100}
```

を実行することと同じである．

第3章
強化学習の概要

強化学習では，“エージェント”が，自らと環境との相互作用を通じて得られる報酬を最大化するための行動を学ぶ．行動の“正解”が前もってはわからない状況から，エージェントが試行錯誤を繰り返し，その結果を観察しながらより良い行動をとれるように学習を進める．

人工知能の分野でよく知られた手法に，教師あり学習があるが，教師あり学習では，正解ラベルのついたデータセットを用いて学習を行う．また，他のよく知られた手法として教師なし学習があるが，教師なし学習はデータに潜むパターンを見つけることが目的である．強化学習は，これらの手法とは異なる方向の手法である．強化学習は，期によって推移する環境のなかで，最も良い結果が得られるように行動するために学習を行う．

強化学習では，離散的な期に従って推移する環境を扱うことが多い．エージェントは，環境の現在の状態を観察し，情報を得る．そうして，自らの方策に基づいて期 t での行動 a_t を決定する．エージェントがその行動 a_t を実行すると，その結果として環境は変化するとともに，エージェントには報酬が与えられる．エージェントは，とった行動と，その結果として得られた報酬，環境の変化を観察し，より良い行動をとることができるように学習する．

これを繰り返すことにより，エージェントは段階的により良い行動をとることができるようになる．

強化学習の歴史は長く，様々な研究者により発展させられてきたが，その成果は Button と Barto による *Reinforcement Learning : An Introduction* によって，広く世に知られるようになった [2]．そして，計算機の進展に伴って様々な分野で用いられるようになった．そのなかで特に印象的なものに，DeepMind 社による AlphaGo がある．AlphaGo は，強化学習の手法を用いて開発された，囲碁をプレーするソフトウェアであるが，2016 年に九段の棋

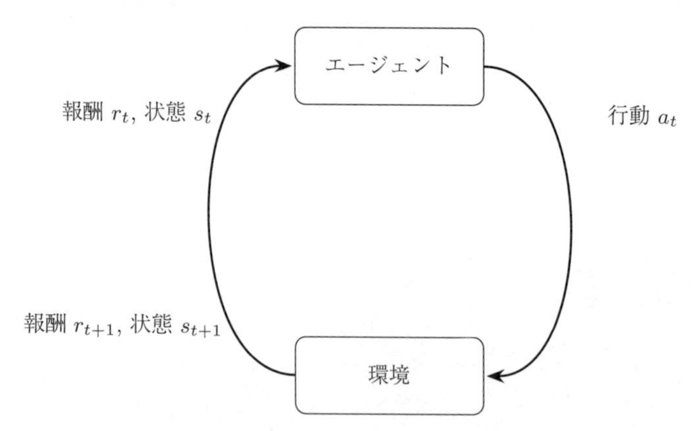

図 3.1　エージェント，環境，状態，行動，報酬の関係

士に勝つことに成功した．このことが，強化学習の高い適用可能性を世の中に印象づけた．

強化学習の応用分野の他の例として，ロボット制御が挙げられる．強化学習に基づいて制御されるロボットは，トライアルアンドエラーを繰り返しながら，立つ，走る，ものをつかむなどの動作を段々とうまくできるようになる．

強化学習では，エージェントが環境と相互に作用することで学習を進める．エージェントは，環境の状態を観察して自らがとる行動を決定する．これに対して環境は，エージェントを取り巻く状況のすべてを表し，エージェントの行動の結果として変化し，エージェントに報酬をもたらす．

エージェントと環境の相互作用を表すには，状態，行動，推移，報酬という概念が用いられる．状態 s_t は，期 t における環境の状態を表す．この状態 s_t をエージェントが観察し，自らがとる行動を決定する．行動 a_t は，期 t において，エージェントが観察した状態 s_t に基づいてとることを決定した行動を表す．エージェントが行動 a_t をとった結果，環境からエージェントに報酬 r_t がもたらされるとともに環境自身が変化し，次の期 $t+1$ の状態 s_{t+1} が実現する．この推移が，終了条件が成り立つまで繰り返される．状態 s_t に基づいて行動 a_t を定める規則のことを，方策 π という．

エージェント，環境，状態，行動，報酬の関係を図示したものが，図 3.1 である．エージェントは，状態 s_t を観察した結果から方策 π により行動 a_t を決定する．その行動をとった結果，報酬 r_t がエージェントにもたらされるとともに，環境が変化して次の状態 s_{t+1} に推移する．

強化学習でのエージェントの目的は，期間内で得られる総報酬を最大化する行動を定める方策を求めることである．方策 π は，状態から行動への写像として定められる．なお，写像とは，集合 A の各要素を集合 B の要素に対応させるルールである．

機械学習では，環境，行動とも確率的なものを扱うので，ある状態に対してとるべき行動が唯一に定まるとは限らない．そこで，写像により定められるとする．

方策は，与えられた状態 s_t からとる行動 a_t を定めるルールと考えるとよい．例えば，ある交差点 A から少し離れたところにある交差点 C まで車を運転する経路を定めたいとする．これを，30 回繰り返すとする． この 30 回分の総移動時間を最小にしたいとする．

このとき，途中に通過する交差点 B での行動を定めたい．交差点 A から C までの 1 回のみの移動時間を最小にするのであれば，交差点 C での行動を，直進，左折，右折の 1 つに定める必要がある．一方で，30 回分の移動距離を最小にするのであれば，とる行動を 1 つに定めるのではなく，行動を決めるためのルールを定めることになる．例えば，60 パーセントで右折し，30 パーセントで左折し，10 パーセントで直進するというルールが挙げられる．

総報酬を最大にするためには，状態 s_t の価値を評価する必要がある．このために用いるのが，状態 s_t の価値を表す価値関数 $v(s_t)$ である．価値関数を用いると，より良い価値を持つ状態に至るような行動をとる，という方針で，方策を求めることができる．この方針を実行するには価値関数の値を知る必要があるが，そのための計算方法が必要である．価値関数としては，状態 s_t に対して定められる $v(s_t)$ の他に， 状態 s_t と行動 a_t のペアに対して定められる行動価値関数 $q(s_t, a_t)$ が用いられる．

価値関数の値を求めて，そこから方策を求めるための方法として，動的計画とモンテカルロ学習などがある．動的計画は，解きたい問題を部分的な問題に分割する手法である．この手法は，状態間の推移確率が明らかな場合に適用することができる．この手法は正確な解を求めるために有効であるが，とりうる状態の数が小さいとき，および，推移確率が明らかな場合にのみ有効である．具体的な計算方法としては，各状態の価値関数間の関係を表すベルマン方程式を直接解くことによって価値関数を求める方法や，価値関数の評価値を反復的に更新する方策反復や価値反復などが挙げられる．

モンテカルロ学習は，状態，行動，報酬の実現値のサンプルを複数用いることで，価値関数を評価する方法である．この方法は，近似的な方法であるが，とりうる状態の数が大きい場合や，推移確率が明らかでない場合にも適用可能である．

動的計画とモンテカルロ学習以外の方法として，Temporal Difference(TD)学習が挙げられる．これは，動的計画とモンテカルロ学習の両方を組み合わせた方法と考えることができる．TD 学習の具体的な手法としては，TD(0)学習，SARSA，Q 学習が挙げられる．

次章以降で，ここで挙げた内容を具体的に述べる．

第4章

マルコフ決定過程

本書では，強化学習の対象としてマルコフ決定過程を扱う．第4章では，このマルコフ決定過程を述べる．まず，確率過程におけるマルコフ性と推移確率行列について述べる．そして，マルコフ過程，マルコフ報酬過程，マルコフ決定過程について順に述べる．マルコフ過程は，マルコフ性を持つ確率過程である．そのマルコフ過程に“報酬”という要素を追加したものがマルコフ報酬過程である．さらに，マルコフ報酬過程に“行動”という要素を追加したものがマルコフ決定過程である．

確率過程については，参考文献 [4] などの成書で学んでほしい．

4.1 マルコフ性

考察の対象とするシステムについての，ある特定の時点 t での情報を，t での**状態** s_t という．そして，この“特定の時点”のことを，**期**という．期は，連続値の場合と離散値の場合があるが，本書では離散値とする．状態 s_t の例としては，チェスにおけるある時点での盤面の配置，在庫管理問題におけるある日の在庫量，ギャンブルにおけるある時点でのプレーヤーの資金量などが挙げられる．

一般に，確率過程 $\{s_t : t = 1, 2, 3, \ldots\}$ について，期 $t+1$ での状態 s_{t+1} が期 t での状態 s_t にのみ依存して決まるとき，この確率過程は**マルコフ性**を持つという．

期 t での状態が s_t であるとしたときに，次の期 $t+1$ の状態が s_{t+1} となる条件つき確率を $p(s_{t+1}|s_t)$ と表す．また，期1から t までの状態がそれぞれ $s_1, s_2, \ldots, s_t$ であるとしたときに，期 $t+1$ での状態が s_{t+1} となる条件つき

確率を $p(s_{t+1}|s_1, s_2, \ldots, s_t)$ と表す．

定義 1 (マルコフ性)**.** 状態 s_t は，次の条件を満たすとき，かつそのときに限り，マルコフ性を持つという：

$$p(s_{t+1}|s_t) = p(s_{t+1}|s_1, s_2, \ldots, s_t)$$

マルコフ性を持つ確率過程のことを，**マルコフ連鎖**という．

マルコフ性を持つ確率過程の例としては，ギャンブルにおけるプレーヤーの資金量が挙げられる．このギャンブルでは，プレーヤーがコインを投げて，表が出たら勝ち，裏が出たら負けとする．表が出た場合はプレーヤーの資金は d だけ増え，裏が出た場合は d だけ減るとする．各時点において表が出る確率は p，裏が出る確率は $1-p$ であるとする．期 t における資金量を状態 s_t とすると，期 $t+1$ における状態 s_{t+1} の値は確率 p で $s_t + d$ となり，確率 $1-p$ で $s_t - d$ となり，期 $t-1$ 以前の資金量にはよらない．

4.2　推移確率行列

期 t における状態 s から次の期 $t+1$ に状態 s' に至る確率を

$$p_{ss'} = p(s_{t+1} = s'|s_t = s)$$

と表すことにする．ここでは，$p(s_{t+1} = s'|s_t = s)$ は期 t によらず s と s' のみによって定まると仮定している．いま，とりうる状態の集合を $\mathcal{S} = \{1, 2, \ldots, n\}$ とすると，状態 s の次に状態 s' へ推移する確率は，次の**推移確率行列**によって定められる．

$$P = \begin{bmatrix} p_{11} & p_{12} & \cdots & p_{1n} \\ p_{21} & p_{22} & \cdots & p_{2n} \\ \vdots & \vdots & \ddots & \vdots \\ p_{n1} & p_{n2} & \cdots & p_{nn} \end{bmatrix} \tag{4.1}$$

とりうる状態が，$\mathcal{S} = \{1, 2, \ldots\}$ などの整数ではなく，$\mathcal{S} = \{$ 晴れ, 雨, 曇り $\}$ などと他の形式で表されることもある．このような場合は，

$$P = \begin{bmatrix} p_{\text{晴れ},\,\text{晴れ}} & p_{\text{晴れ},\,\text{雨}} & p_{\text{晴れ},\,\text{曇り}} \\ p_{\text{雨},\,\text{晴れ}} & p_{\text{雨},\,\text{雨}} & p_{\text{雨},\,\text{曇り}} \\ p_{\text{曇り},\,\text{晴れ}} & p_{\text{曇り},\,\text{雨}} & p_{\text{曇り},\,\text{曇り}} \end{bmatrix}$$

などと表される．このような場合にも，晴れを 1，雨を 2，曇りを 3 と表すことにすると，行列 (4.1) と表すことができる．

4.3 マルコフ過程

マルコフ性を持つ確率過程の**状態空間** $\mathcal{S}$ が有限集合であり，その状態間の推移確率が行列 P で表されるとき，**マルコフ過程**は，2 つ組 $\langle \mathcal{S}, P \rangle$ で表される．

定義 2 (マルコフ過程)**.** マルコフ過程は，状態の有限集合 $\mathcal{S}$ と状態間の推移確率行列 P の 2 つ組 $\langle \mathcal{S}, P \rangle$ によって定められる．

例 1 (1 次元のランダム・ウォーク)**.** 直線上に等間隔に並んでいる点の上を運動している粒子があるとする（図 4.1）．直線上の位置は，数直線のように整数で表されるとする．期 t に粒子の存在する位置を状態 s_t とし，それは整数で表される．期 t に状態 i にあった粒子が，その次の期 $t+1$ に右隣の状態 $i+1$ に推移する確率を p，左隣の状態 $i-1$ に推移する確率を q，元の状態 i にとどまる確率を $r = 1 - p - q$ とする．このような粒子の運動は，1 次元の**ランダム・ウォーク**と呼ばれる．

期 t に状態 i にある粒子が，次の期 $t+1$ に状態 $i+1$ に推移する確率

$$p(s_{t+1} = i + 1 | s_t = i)$$

が期 t によらないとすると，これは $p_{i,i+1}$ と表される．

粒子はどちらの向きにも無限に動く場合もあるし，片方または両方に行き止まりの壁があり，そこから先にはいけない場合もある．無限に動く場合は状態 i はいくらでも大きな値または小さな値をとりうるし，両方に壁がある場合は状態 i のとりうる値の最小値および最大値があることになる．

粒子が壁（状態 T とする）に到達すると，それ以降の状態は T から変化しなくなるとき，この壁は**吸収壁**と呼ばれる．状態 T が変化しないことは，推移確率では $p_{T,T} = 1$ と表される．これは，状態 T から次の期に状態 T に推移

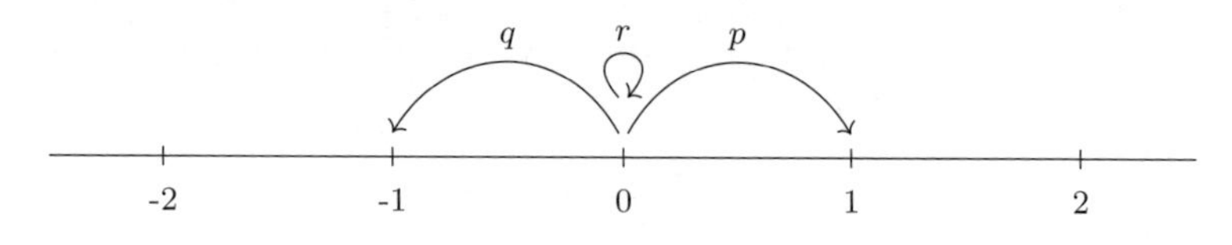

図 4.1 1次元のランダム・ウォーク

する確率が1であり，それ以外の状態に推移する確率が0であることを表す．

例えば，0と4が吸収壁の場合には，粒子がとりうる状態は$\mathcal{S}=\{0,1,2,3,4\}$となり，推移確率行列は次のようになる：

$$P=\begin{array}{c} \\ 0 \\ 1 \\ 2 \\ 3 \\ 4 \end{array}\begin{array}{c} \begin{array}{ccccc} 0 & 1 & 2 & 3 & 4 \end{array} \\ \begin{bmatrix} 1 & 0 & 0 & 0 & 0 \\ q & r & p & 0 & 0 \\ 0 & q & r & p & 0 \\ 0 & 0 & q & r & p \\ 0 & 0 & 0 & 0 & 1 \end{bmatrix} \end{array}$$

この行列では，状態0に対応する1行目の要素は，状態0に対応する1列目の値が1，それ以外の値はすべて0になっている．

また，自らの状態から右隣もしくは自分自身，または，自らの状態から左隣もしくは自分自身にしか推移しない状態iを，**反射壁**という．例えば，状態0が吸収壁，状態4が自らの値以下にしか推移しない反射壁であったとすると，推移確率行列は次のようになる：

$$P=\begin{array}{c} \\ 0 \\ 1 \\ 2 \\ 3 \\ 4 \end{array}\begin{array}{c} \begin{array}{ccccc} 0 & 1 & 2 & 3 & 4 \end{array} \\ \begin{bmatrix} 1 & 0 & 0 & 0 & 0 \\ q & r & p & 0 & 0 \\ 0 & q & r & p & 0 \\ 0 & 0 & q & r & p \\ 0 & 0 & 0 & 1-r & r \end{bmatrix} \end{array}$$

この行列では，状態$i=4$に対応する5行目の要素は，状態$i-1=3$に対応する4列目の値が$1-r$，$i=4$に対応する5列目の値がrとなっている．これは，状態4からは自らの状態4に推移する確率がr，左隣の状態3に推移する確率が$1-r$であることを表しており，$i+1$以上の状態に推移する確率は0であることを示している．

ランダム・ウォークをシミュレートするプログラムは，**擬似乱数**を用いて実現することができる．次のプログラムは，吸収壁も反射壁もないランダム・ウォークをシミュレートするプログラムである．

```
1  import random
2  import numpy as np
3  import matplotlib.pyplot as plt
4
5  random.seed(1);
6  p, q = 0.4, 0.4;
7  r = 1 - p - q;
8  n_steps = 1000;
9  position = np.zeros(n_steps);
10 position[0] = 0;
11 for t in range(n_steps-1):
12     dx = random.choices([1,-1,0],weights=[p,q,r])[0];
13     position[t+1] = position[t]+dx;
14
15 xvals = np.arange(n_steps)
16 plt.xlabel("Period")
17 plt.ylabel("Position")
18 plt.title("1D random walk")
19 plt.plot(xvals,position)
```

1 行目は，擬似乱数を用いるためのパッケージ random をインポートするものである．

2 行目は，科学技術計算のためのパッケージ NumPy をインポートするものである．

3 行目は，シミュレートの結果をプロットするために用いる matplotlib.pyplot をインポートするものである．

5 行目は，擬似乱数の種を設定するものである．

6，7 行目では，右に推移する確率，左に推移する確率，その場にとどまる確率を，それぞれ p, q, r として定めている．

8 行目は，ランダム・ウォークでシミュレートするステップ数を表す n_steps を 1000 に定めるものである．

9 行目は，各期での位置を保持する配列 position を ndarray として定めるものである．要素数は n_steps とする．

10 行目では，最初の位置 position[0] を 0 に設定している．

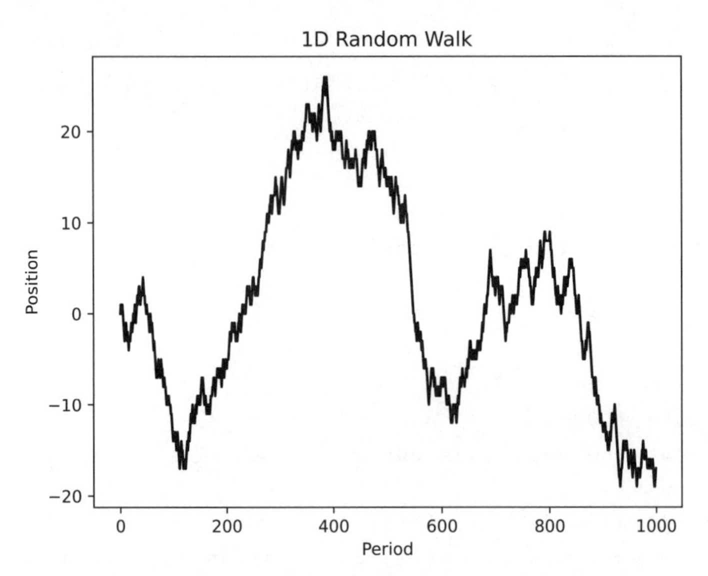

図 4.2　1次元ランダム・ウォークのシミュレーション

11–13 行目は，擬似乱数によってランダム・ウォークの推移をシミュレートする反復処理である．11 行目の for 文により，t の値を 0 から n_steps-2 までの整数に順に設定する．

12 行目は，擬似乱数を用いて [1,-1,0] の要素をランダムに取り出し，dx の値に設定するものである．ただし，取り出す際には [p,q,r] を重みとして用いる．すなわち，確率 p で 1 を，確率 q で −1 を，確率 r で 0 を取り出す．

13 行目は，dx を position[t] に足すことで，position[t+1] の値を設定するものである．

15 行目では，19 行目でのプロットを実行するために，0 から n_steps-1 までの整数を要素とする配列 xvals を定めている．

15–19 行目は，xvals[i] を x 座標，position[i] を y 座標として各期での位置をプロットするものである．

16–18 行目は，それぞれ x 軸のラベル，y 軸のラベル，グラフのタイトルを定めるものである．

19 行目は，plot() を用いて，xvals[i] を x 座標，position[i] を y 座標として各期での位置をプロットするものである．

このプログラムを実行して得た図を，図 4.2 に示した．この結果では，いったん −20 付近まで負の方向に移動した後に，20 を超えるまで正の方向に移動し，再び負の方向に移動し，1000 回の推移の後には −20 付近に至っている．

この推移の様子は，発生する擬似乱数によって異なるものになる．

このプログラムでは，あらかじめ定めたステップ数の推移をシミュレートしたが，ステップ数はあらかじめ定めず，特定の状態に至るまで推移を繰り返すこともできる．次に示すプログラムは，あらかじめ定めた状態に至るまでステップ数を定めずに推移を繰り返すプログラムである．

```
1  random.seed(1);
2  p, q = 0.4, 0.4;
3  r = 1 - p - q;
4  max_steps = 1000;
5  s = 0;
6  terminal = 4;
7
8  position = [];
9  while True:
10     position.append(s);
11     if s == terminal or len(position)>max_steps:
12         break;
13     s += random.choices([1,-1,0],weights=[p,q,r])[0];
14
15 xvals = np.arange(len(position));
16 print("Number of steps:",len(position));
17 plt.xlabel("Period");
18 plt.ylabel("Position");
19 plt.title("1D random walk");
20 plt.plot(xvals,position);
```

このプログラムの4行目は，推移の最大ステップ数を表す max_steps を 1000 に設定するものである．この値を用いて，ランダム・ウォークの推移回数が 1000 回に達しても終了状態に達しなければ，シミュレーションを終了することにする．

5行目は，初期位置を0に設定するものである．

6行目は，終了状態を表す terminal を4に設定するものである．ランダム・ウォークの推移を繰り返し，状態が terminal の値に一致したら推移を終了する．

8行目は，各ステップでの位置を表す position を，空のリストとして定めるものである．

9–13 行目は，ランダム・ウォークの推移をシミュレートする反復処理で

図 **4.3**　1次元ランダム・ウォークのシミュレーション（終了状態まで）

ある．

11行目では，終了条件が満たされるか否かを確認する．現在の状態 `s` が `terminal` に一致するか，または推移回数が `max_steps` を超していたら反復を終了する．推移回数には，リスト `position` の要素数を表す `len(position)` を用いている．

13行目は，`random.choices()` を用いて `[1,-1,0]` のなかからランダムに1つの要素を取り出し，`s` の値に足すものである．取り出す際の重みとして `p`, `q`, `r` を用いている．すなわち，確率 `p` で1を確率 `q` で -1 を確率 `r` で0を取り出す．

このプログラムを実行した結果を，図4.3に示した．このシミュレーションでは，初期状態0からいったん -4 まで推移して，その後，正の方向に推移して45回の推移の後に終了状態である4に至っている．

このシミュレーションでは，推移の回数が `max_steps` に至る前に終了状態に至ったが，推移の仕方によってはいつまでも終了状態に至らない可能性もある．

ここで扱ったランダム・ウォークでは，粒子は，もっぱら推移確率に従って現在の状態から次の状態に推移を繰り返すのであり，粒子が意思を持って右や左に移動することはない．また，状態のなかに“望ましい状態”や，“避けたい状態”があることもない．

マルコフ過程のサンプル

マルコフ過程に従って得られた実現値の列を，マルコフ過程の**サンプル**という．特に，終了状態が設定されている過程では，初期状態から終了状態までの実現値の列を，マルコフ過程の**エピソード**という．

マルコフ過程のサンプルは，期 t において実現した状態 s_t を順に並べた列として表される：

$$(s_0, s_1, s_2, \ldots)$$

ランダム・ウォークにおいて，期 T の状態 s_T が終了状態であるエピソードは，次の列で表される：

$$(s_0, s_1, s_2, \ldots, s_T)$$

推移は期 T で終了するため，s_{T+1}，$s_{T+2}, \ldots$ など，s_{T+1} 以降の状態は列には含まれない．

次に示すのは，ランダム・ウォークのエピソードの例である．ここでは，-3 を終了状態とする．

$$(s_0, s_1, s_2, s_3, s_4, s_5) = (0, 1, 0, -1, -2, -3)$$

このエピソードでは，初期の状態 $s_0 = 0$ から推移を開始し，期 5 の状態 s_5 が終了状態 -3 に至った時点で推移を終了している．

ランダム・ウォークにおいて終了状態が存在しない場合は，サンプルの列は無限に続き，エピソードは定められないことに注意する．

例 2 (2 次元のランダム・ウォーク)**.** 縦横に格子状に並んでいる点の上を運動している粒子があるとする（図 4.4）．

格子の位置は，座標を表す整数のペア (x, y) で表される．期 t に粒子の存在する位置を表す状態を $s_t = (x, y)$ とすると，次の期 $t+1$ には，上 $(x, y+1)$，下 $(x, y-1)$，左 $(x-1, y)$，右 $(x+1, y)$ の 4 つの格子のいずれかに推移するとする．このような粒子の運動を，2 次元のランダム・ウォークと呼ぶ．

例えば，期 t に状態 (x, y) にある粒子が，次の期 $t+1$ に状態 $(x+1, y)$ に推移する確率は，

$$p\left(s_{t+1} = (x+1, y) \,|\, s_t = (x, y)\right)$$

と表される．

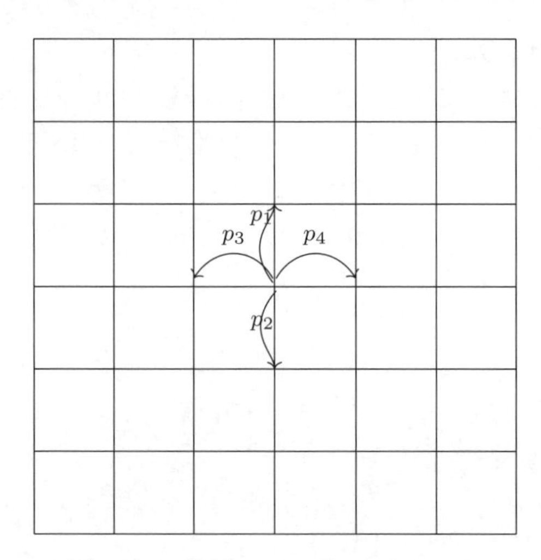

図 4.4　2 次元のランダム・ウォーク

次に示すのは，2 次元のランダム・ウォークをシミュレートするプログラムである．

```
1  import pandas as pd
2
3  random.seed(1);
4  n_steps = 10000;
5  x = np.zeros(n_steps);
6  y = np.zeros(n_steps);
7  x[0], y[0] = 0, 0;
8
9  for t in range(n_steps-1):
10     (dx,dy) = random.choices
           ([(0,1),(0,-1),(1,0),(-1,0)])[0];
11     x[t+1], y[t+1] = int(x[t]+dx), int(y[t]+dy);
12
13 df = pd.DataFrame({'x':x, 'y':y});
14 ax = df.plot.line(x='x',y='y',title="2D random walk",
      xlabel='x',ylabel='y',legend=False);
```

1 行目では，2 次元平面に位置をプロットするために pandas をインポートしている．

3 行目では引数 1 により擬似乱数の種を設定している．

4 行目で推移の数を表す `n_steps` を 10000 に設定している．

5 行目で位置の x 座標を保持する `x`，6 行目で位置の y 座標を保持する `y` を

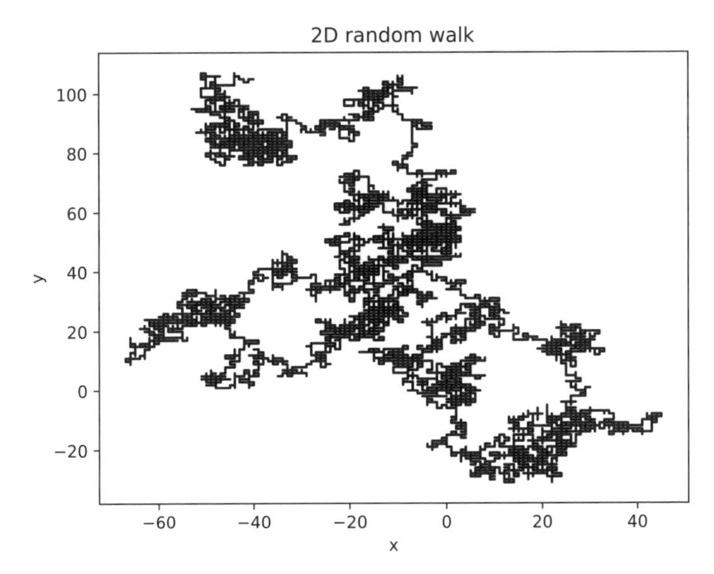

図 4.5 2 次元ランダム・ウォークのシミュレーション（10000 ステップ）

n_steps 個の要素を持つ配列として定めている．

7 行目は，x[0] と y[0] で表される初期の位置を，$(0, 0)$ と定めている．

9–11 行目は，初期位置から始めて n_steps 回の推移を実行する反復処理である．

10 行目は，random.choices() を用いて，移動量を要素とするリストのなかから 1 つの要素をランダムに取り出して，(dx,dy) とするものである．移動量を要素とするリストは [(0,1),(0,-1),(1,0),(-1,0)] としている．最初の要素 dx は x 座標の推移量，2 番目の要素 dy は y 座標の推移量を表す．

11 行目では，現在の x 座標 x[t] に dx を足したものを x[t+1] とし，同様に，現在の y 座標 y[t] に dy を足したものを y[t+1] としている．

13 行目は，x 座標を表すリスト x と y 座標を表すリスト y を用いてデータフレーム df を定めるものである．

14 行目は，df の x を x 軸，df の y を y 軸として $x-y$ 平面にプロットするものである．グラフのタイトル (title=)，x 軸の名前 (xlabel=)，y 軸の名前 (ylabel=) は，line() の引数として指定している．legend=False は，凡例を表示しないようにするものである．

このプログラムを実行した結果を，図 4.5 に示した．10000 回の推移の間に，x 座標はおおよそ -70 から 50，y 座標は -30 から 110 までの値をとっていることがわかる．

4.4 マルコフ報酬過程

マルコフ過程は，状態の集合と，それらの要素間の推移確率のみで定まるものであった．そして，状態間の“良し悪し”はなかった．すなわち，ある状態が他のある状態よりも“良い”と判断する基準はなかった．

マルコフ過程に対して，各状態について“報酬”と呼ばれる量を取り入れる過程がある．これを，**マルコフ報酬過程**と呼ぶ．マルコフ報酬過程は，マルコフ過程に**報酬**という要素を加えた過程であり，これにより，状態間での“良し悪し”の比較が可能になる．

マルコフ過程のエピソードは，期 t での状態 s_t の列として次のように表されるのであった：

$$(s_0, s_1, s_2, s_3, \ldots, s_T)$$

ここで，s_T は終了状態とする．

ここで，状態 s_t に至った結果，報酬 r_t が得られるとする．このことを，次の列で表すことにする：

$$(s_0, r_0, s_1, r_1, s_2, r_2, s_3, r_3, \ldots, s_{T-1}, r_{T-1}, s_T, r_T) \tag{4.2}$$

この列 (4.2) では，s_t と s_{t+1} の間に r_t が置かれている．列 (4.2) から報酬を取り出した列は

$$(r_0, r_1, r_2, r_3, \ldots, r_T)$$

となる．この報酬の列は，確率過程の実現値として定まることに注意する．つまり，エピソードごとに異なる値をとりうることに注意する．

上記のように，期 t で得られる報酬を r_t と表すが，一方で，状態 s で得られる報酬を $r(s)$ と表すことにする．この表記を用いると，$r_t = r(s_t)$ と表されることに注意する．

マルコフ報酬過程では，状態 s に対する報酬 $r(s)$ に加えて，状態 s についての報酬関数 $R(s)$ を扱う．この報酬関数は，期 t の状態 s_t が $s_t = s$ である，という条件のもとで得られる報酬 r_t の期待値として定められる：

$$R(s_t = s) = \mathbb{E}\left[r_t | s_t = s\right]$$

マルコフ報酬過程は，マルコフ過程を定める状態の集合 $\mathcal{S}$ と確率推移行列 P

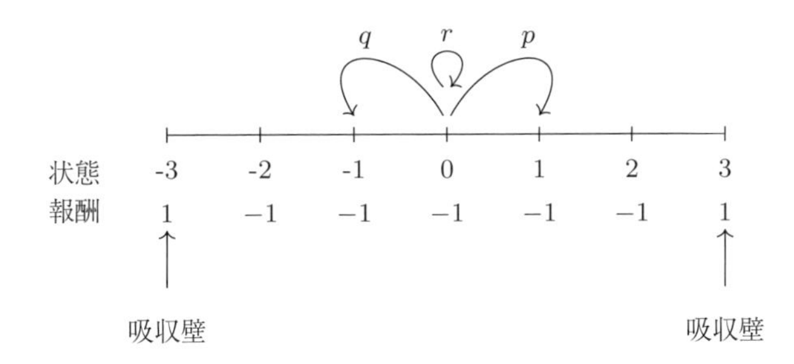

図 4.6 マルコフ報酬過程のランダム・ウォークにおける状態と報酬

に加えて，報酬関数 R と割引率 γ を用いた 4 つ組 $\langle \mathcal{S}, P, R, \gamma \rangle$ として定められる．

定義 3 (マルコフ報酬過程)**.** マルコフ報酬過程は，状態の有限集合 $\mathcal{S}$，推移確率行列 P，報酬関数 R，割引率 γ の 4 つ組 $\langle \mathcal{S}, P, R, \gamma \rangle$ によって定められる．

ここで，割引率 γ は 0 以上 1 以下の数である．

例 3 (報酬を持つランダム・ウォーク)**.** 前に述べたマルコフ過程としてのランダム・ウォークに報酬の要素を追加し，マルコフ報酬過程を定める．状態の集合 $\mathcal{S}$ と推移確率 P は，マルコフ過程のときと同様に定めるとする．

ここでは，終了状態を 2 つ定めることにする．すなわち，$x_{\min}$ または $x_{\max}$ に至ると推移を終了するとする．このとき，とりうる状態は $x_{\min}$ 以上 $x_{\max}$ 以下の整数となる．いま，例として $x_{\min} = -3$, $x_{\max} = 3$ とする．

そして，終了状態に到達することが "望ましい" とする．このことを表すために，例えば次のように各状態の報酬を設定する．

$$
\begin{aligned}
\boldsymbol{r} &= (r(-3), r(-2), r(-1), r(0), r(1), r(2), r(3)) \\
&= (1, -1, -1, -1, -1, -1, 1)
\end{aligned}
$$

終了状態である 3 と -3 には報酬 1 を設定し，それ以外の状態には -1 を設定している．終了状態以外の状態の報酬を -1 とすることは，できるだけ早く終了状態に到達することが望ましいことを表す意図がある（図 4.6）．

マルコフ報酬過程のサンプル

マルコフ報酬過程のサンプルは，各期の状態の実現値に，報酬の実現値を加えた列として表される．マルコフ過程と同様に，終了状態に至って過程を終える場合は，その時点までの状態と報酬の実現値の列を，エピソードと呼ぶ．次に示すのは，報酬を持つランダム・ウォークのエピソードの例である．

$$
\begin{aligned}
&(s_0, r_0, s_1, r_1, s_2, r_2, s_3, r_3, s_4, r_4, s_5, r_5) \\
&\qquad = (0, -1, 1, -1, 0, -1, -1, -1, -2, -1, -3, 1)
\end{aligned}
$$

見やすいように，状態 s_t と報酬 r_t を別々のベクトルとして表すと，次のようになる．

$$
\begin{aligned}
(s_0, s_1, s_2, s_3, s_4, s_5) &= (0, 1, 0, -1, -2, -3) \\
(r_0, r_1, r_2, r_3, r_4, r_5) &= (r(0), r(1), r(0), r(-1), r(-2), r(-3)) \\
&= (-1, -1, -1, -1, -1, 1)
\end{aligned}
$$

次に示すのは，報酬を持つランダム・ウォークをシミュレートするプログラムである．

```
1  def one_d_randomwalk_move(S):
2      x_min, x_max = min(S), max(S);
3      move = {x_min:['→'],x_max:['←']};
4      for s in S:
5          if s not in [x_min,x_max]:
6              move[s]=['→','←'];
7      move['T']=['→','←'];
8      return move;
9
10 random.seed(1);
11
12 p, q = 0.4, 0.4;
13 max_steps = 1000;
14 x_min, x_max = -3, 3;
15 S = list(range(x_min,x_max+1));
16 terminal = [x_min,x_max];
17
18 move = one_d_randomwalk_move(S);
19 step = {'→':1,'←':-1};
20
21 P = {};
22 P[x_min] = {x_min+step['→']:1};
23 P[x_max] = {x_max+step['←']:1};
24 for x in S:
25     if x not in terminal:
26         P[x] = {x+step['→']:0.5,x+step['←']:0.5};
```

```
27
28 r = {s:1 if s in terminal else -1 for s in S};
29 x_init = 0;
30
31 s = x_init;
32 episode = [s,r[s]];
33 while True:
34     s = random.choices(list(P[s].keys()),weights=list(P[s
           ].values()))[0];
35     episode.append(s);
36     episode.append(r[s]);
37     if s in terminal or len(episode)>max_steps:
38         break;
39 print(episode[::2])
40 print(episode[1::2])
```

このプログラムは，とりうる状態は x_min 以上 x_max 以下の整数としている．12 行目では，右への推移確率 p，左への推移確率 q を定めている．

13 行目は，推移の最大回数 max_steps を 1000 に指定している．

14 行目では，とりうる値の最大値 x_max，とりうる値の最小値 x_min をそれぞれ 3 と −3 に設定している．

15 行目は，とりうる状態の集合 S を定めるものである．これにより，S は [-3,-2,...,2,3] となる．

16 行目では，終了状態を要素とするリスト temrinal を定めている．

18 行目は，関数 one_d_randomwalk_move() を用いて，状態 s から推移しうる状態を move[s] と表す辞書 move を求めている．ここで用いる関数 one_d_randomwalk_move() は，1–8 行目で定めている．

関数 one_d_randomwalk_move() は，1 つの引数 S をとる．これは，とりうる状態を要素とするリストである．2 行目は，x_min を S の要素の最小値，x_max を S の要素の最大値とするものである．3–7 行目は，各状態をキーとし，その状態からとりうる行動を値とする辞書 move を定めるものである．3 行目は，最小値 x_min でとりうる行動を'→'のみ，最大値 x_max でとりうる行動を'←'のみ，に定めるものである．4–6 行目は，終了状態以外の状態からとりうる行動を，'→'と'←'に定めるものである．

7 行目は，終了状態'T'に対して，そこからとりうる行動を'→'と'←'に定めるものである．このプログラムでは，状態の列が終了状態に達したことを明記するために，最後に'T'を追加することにする．例えば，

$$(0, -1, 0, -1, -2, -3)$$

という状態の推移があったとする．ここで，-3 が終了状態であるとすると，そのことがはっきりとわかるように，末尾に'T' を追加して次のように表す：

$$(0, -1, 0, -1, -2, -3, \text{'T'})$$

こうすることで，-3 が終了状態である，という事前情報がなくとも，列を見るだけで -3 が終了状態であることがわかる．

8 行目は，こうして生成した辞書 move を返すものである．こうして生成した move では，例えば状態 2 からとりうる行動が

```
move[2] = ['→', '←']
```

と表される．

19 行目は，各行動が表す位置の推移量を辞書 step として表すものである．右に移動すると値は 1 大きくなり，左に移動すると値は 1 小さくなる．したがって，step['→']=1，step['←']=-1 と表されるように辞書を設定している．

21–26 行目は，推移確率行列を表す辞書 P を定めるものである．21 行目では P をまず空の辞書として設定している．22 行目では，状態 x_min からの推移行列を表す辞書 P[x_min] を定めている．x_min からは右にしか移動できず，移動先の状態は x_min+step['→'] である．したがって，P[x_min][x_min+step['→']] が 1 となる．23 行目は同様の処理を x_max に対して実行するものである．

24–26 行目は，x_min と x_max 以外の状態に対して推移確率行列を設定するものである．右に移動する場合は推移後の状態は x+step['→'] となり，左に移動する場合は推移後の状態は x+step['←'] となるが，それぞれの状態への推移確率をいずれも 0.5 としている．

28 行目は，報酬を表す辞書 r を設定するものである．ここでは内包表記を用いて値を設定している．この表記は，s in terminal が真であるときは s:1 とし，偽であるときは s:-1 とするものである．

29 行目は，初期状態 x_init を 0 にするもので，31 行目ではこの x_init を状態 s の値にしている．32 行目では，エピソードを表す episode を，2 つの要素 s, r[s] を持つリストとして初期化している．

33–38 行目は，状態 s が終了状態に至るまで状態と報酬を追加する反復処

理である．

34 行目は `P[s]` のキーのうちの 1 つを，`P[s].values()` を重みとしてランダムに選び出すものである．こうして選び出したものを状態 `s` として，35 行目でその `s` を，36 行目で `s` に対する報酬 `r[s]` を，順に `episode` の末尾に追加している．

37，38 行目は，状態 `s` が終了状態を表すリスト `terminal` の要素であるか，または `episode` の長さが `max_steps` を超えているかどうかを判定し，どちらかであるときは反復を終了するものである．

このプログラムを実行した結果は，次のとおりである．

```
[0, 1, 0, -1, 0, 1, 2, 1, 0, 1, 2, 1, 2, 1, 2, 3]
[-1, -1, -1, -1, -1, -1, -1, -1, -1, -1, -1, -1, -1, -1,
   -1, 1]
```

4.5 リターン

さて，1 つのサンプルで現れる報酬の列は

$$(r_0, r_1, r_2, \ldots)$$

であるが，このサンプルで得られる報酬を評価する際には，どの期で評価するかを考慮する必要がある．いま，期 t の時点で，期 t 以降に得られる報酬を評価したいとする．このサンプルで，期 t 以降に得られる報酬の列は

$$(r_t, r_{t+1}, r_{t+2}, \ldots)$$

であるので，期 t 以降の報酬の和は，

$$r_t + r_{t+1} + r_{t+2} + \cdots$$

となる．しかし，期 t の時点での価値として評価するのであれば，将来の時点で得られる r_{t+1}，$r_{t+2}, \ldots$ は，適切に割り引く必要がある．

例えば，1 期先に得られる報酬 100 の現在における価値は，割引率を γ として，$\gamma \times 100$ と評価される．同様に，2 期先に得られる報酬 100 の現在における価値は，$\gamma^2 \times 100$ と評価される．このように，期 $t+k$ での価値 r_{t+k} を現在の期 t で評価すると，$\gamma^{t+k} r_{t+k}$ となる．これを，**割引報酬**と呼ぶ．

このことから，期 t における**リターン** G_t を次の式で定める．

定義 4 (リターン（無限期間）)**.** 期 t におけるリターン G_t は，t 以降の各期の割引報酬の和として，次の式で定められる：

$$G_t = r_t + \gamma r_{t+1} + \gamma^2 r_{t+2} + \cdots = \sum_{k=0}^{\infty} \gamma^k r_{t+k}$$

有限期間の場合，エピソードのリターンは，次の式で定められる．

定義 5 (リターン（有限期間）)**.** 期 t におけるリターン G_t は，t 以降の各期の割引報酬の和として，次の式で定められる：

$$\begin{aligned} G_t &= r_t + \gamma r_{t+1} + \gamma^2 r_{t+2} + \cdots + \gamma^{T-t-1} r_{t+T-t-1} + \gamma^{T-t} r_{t+T-t} \\ &= \sum_{k=0}^{T-t} \gamma^k r_{t+k} \end{aligned}$$

例えば，報酬の列として

$$(r_0, r_1, r_2, r_3) = (-1, -1, -1, 1)$$

が得られているとする．割引率 $\gamma = 0.5$ とすると，この列に対する G_0 は次の式で定められる：

$$\begin{aligned} G_0 &= r_0 + (0.5) r_1 + (0.5)^2 r_2 + (0.5)^3 r_3 \\ &= (-1) + (0.5) \times (-1) + (0.5)^2 \times (-1) + (0.5)^3 \times (1) \\ &= (-1) - 0.5 - 0.25 + 0.125 \\ &= -1.625 \end{aligned}$$

同様に，G_1, G_2, G_3 は次のように計算できる．

$$\begin{aligned} G_1 &= r_1 + (0.5) r_2 + (0.5)^2 r_3 \\ &= (-1) + (0.5) \times (-1) + (0.5)^2 \times (1) \\ &= (-1) - 0.5 + 0.25 \\ &= -1.25 \\ G_2 &= r_2 + (0.5) r_3 \\ &= (-1) + (0.5) \times (1) \\ &= (-1) + 0.5 \\ &= -0.5 \\ G_3 &= r_3 \\ &= 1 \end{aligned}$$

いま，プログラムにおいて，報酬の列 $(r_0, r_1, r_2, \ldots, r_{T-1})$ がリスト reward として得られているとする：

```
reward = [reward[0],reward[1],...,reward[T-1]]
```

ここで，r_t は reward[t] で表されているとする．このとき，$t = 0, 1, 2, \cdots, T-1$ に対するリターン G_t を求める関数 Greturn() は，次のとおりに定められる．

```
def Greturn(reward,gamma):
    T = len(reward);
    tG = np.zeros(T);
    tG[T-1] = reward[T-1];
    for t in reversed(range(T-1)):
        tG[t] = reward[t] + gamma*tG[t+1];
    return tG;
```

この関数の返り値はリスト tG であり，その要素 tG[0],tG[1],tG[2],... がそれぞれ $G_0, G_1, G_2, \ldots$ を表している．

この関数では再帰的な計算を用いている．G_t の定義式より，

$$
\begin{aligned}
G_t &= r_t + \gamma r_{t+1} + \gamma^2 r_{t+2} + \cdots + \gamma^{T-t} r_{t+T-t} \\
&= r_t + \gamma \left(r_{t+1} + \gamma r_{t+2} + \cdots + \gamma^{T-t-1} r_{t+T-t} \right) \\
&= r_t + \gamma G_{t+1}
\end{aligned}
\tag{4.3}
$$

が成り立つことがわかる．そこでまず，$t = T-1$ に対する値，すなわち G_{T-1} を，$G_{T-1} = r_{T-1}$ と定める．そうして，この G_{T-1} を用いて，ひとつ前の期 $T-2$ に対する値を

$$
G_{T-2} = r_{T-2} + \gamma G_{T-1}
$$

と定める．同様に，G_t を用いて G_{t-1} の値を (4.3) により定めることができる．これをプログラムとして実現したのが関数 Greturn() である．

4.6 価値関数

マルコフ過程では，各状態は対等であって，ある状態が他の状態よりも“価値が高い”ということはない．一方，マルコフ報酬過程では，各状態に報酬が定められており，この報酬を用いて，各状態に“価値”を定めることができ

る．この，状態 s の“価値”を定量的に表すものとして，**価値関数** $v(s)$ を定義する．

価値関数 $v(s)$ は，状態 s から推移を始めたときに，将来得られるリターンの期待値として定められる．

定義 6 (価値関数)**.** マルコフ報酬過程における状態 s の価値関数 $v(s)$ を，状態 s から推移を始めたときに将来得られるリターンの期待値として定める：

$$v(s) = \mathbb{E}[G_t|s_t = s]$$

有限期間である場合は，この価値関数の式に G_t の定義式を代入することで，次の式を得る．

$$\begin{aligned} v(s) &= \mathbb{E}\left[r_t + \gamma r_{t+1} + \gamma^2 r_{t+2} + \cdots + \gamma^{T-t} r_{t+T-t}|s_t = s\right] \\ &= \mathbb{E}[r_t + \gamma G_{t+1}|s_t = s] \\ &= \mathbb{E}[r_t + \gamma v(s_{t+1})|s_t = s] \end{aligned}$$

ここで，状態 $s_t = s$ から状態 $s_{t+1} = s'$ への推移確率 $p(s'|s)$ がわかっており，かつ，$\mathbb{E}[r_t] = \sum_{s' \in \mathcal{S}} p(s'|s)r(s')$ とすると，$v(s)$ は次の式で表されることがわかる．

$$v(s) = r(s) + \gamma \sum_{s' \in \mathcal{S}} p(s'|s)v(s')$$

例えば，状態の集合が $\mathcal{S} = \{s_1, s_2, s_3\}$ であるとすると，状態 s_1 の価値関数 $v(s_1)$ は，次の式を満たす．

$$v(s_1) = r(s_1) + \gamma\left[p(s_1|s_1)v(s_1) + p(s_2|s_1)v(s_2) + p(s_3|s_1)v(s_3)\right]$$

同様の式を，s_2, s_3 についても立てると，次の方程式が得られる．

$$\begin{aligned} v(s_1) &= r(s_1) + \gamma\left[p(s_1|s_1)v(s_1) + p(s_2|s_1)v(s_2) + p(s_3|s_1)v(s_3)\right] \\ v(s_2) &= r(s_2) + \gamma\left[p(s_1|s_2)v(s_1) + p(s_2|s_2)v(s_2) + p(s_3|s_2)v(s_3)\right] \\ v(s_3) &= r(s_3) + \gamma\left[p(s_1|s_3)v(s_1) + p(s_2|s_3)v(s_2) + p(s_3|s_3)v(s_3)\right] \end{aligned}$$

これは，ベクトルと行列を用いると次のように表される．

$$\begin{bmatrix} v(s_1) \\ v(s_2) \\ v(s_3) \end{bmatrix} = \begin{bmatrix} r(s_1) \\ r(s_2) \\ r(s_3) \end{bmatrix} + \begin{bmatrix} p(s_1|s_1) & p(s_2|s_1) & p(s_3|s_1) \\ p(s_1|s_2) & p(s_2|s_2) & p(s_3|s_2) \\ p(s_1|s_3) & p(s_2|s_3) & p(s_3|s_3) \end{bmatrix} \begin{bmatrix} v(s_1) \\ v(s_2) \\ v(s_3) \end{bmatrix} \tag{4.4}$$

ここで，次のようにベクトルと行列を定義する．

$$\boldsymbol{v} = \begin{bmatrix} v(s_1) \\ v(s_2) \\ v(s_3) \end{bmatrix}, \quad \boldsymbol{r} = \begin{bmatrix} r(s_1) \\ r(s_2) \\ r(s_3) \end{bmatrix}, \quad P = \begin{bmatrix} p(s_1|s_1) & p(s_2|s_1) & p(s_3|s_1) \\ p(s_1|s_2) & p(s_2|s_2) & p(s_3|s_2) \\ p(s_1|s_3) & p(s_2|s_3) & p(s_3|s_3) \end{bmatrix}$$

これらを用いると，方程式 (4.4) は次のかたちで表される．

$$\boldsymbol{v} = \boldsymbol{r} + \gamma P \boldsymbol{v} \tag{4.5}$$

方程式 (4.5) を解けば，その解として価値関数 $v(s)$ を求めることができる．

$$\boldsymbol{v} = (I - \gamma P)^{-1} \boldsymbol{r} \tag{4.6}$$

ここでは，報酬つきのランダム・ウォークの例に対して，(4.6) により価値関数 $v(s)$ を求める手順とプログラムを述べる．

このランダム・ウォークでは，-3 と 3 を終了状態とする．これにより，状態の集合 $\mathcal{S}$ は $\mathcal{S} = \{-3, -2, -1, 0, 1, 2, 3\}$ となる．また，推移確率は，

$$\begin{aligned} p(i+1|i) &= 0.4, \\ p(i-1|i) &= 0.4, \\ p(i|i) &= 0.2, \\ p(k|i) &= 0 \qquad i,\ i+1,\ i-1 \text{ 以外の } k \end{aligned}$$

と定めることにする．ただし，終了状態 i については $p(i|i) = 1$ とする．これにより，推移確率行列は次のように定められる．

$$P = \begin{bmatrix} 1 & 0 & 0 & 0 & 0 & 0 & 0 \\ 0.4 & 0.2 & 0.4 & 0 & 0 & 0 & 0 \\ 0 & 0.4 & 0.2 & 0.4 & 0 & 0 & 0 \\ 0 & 0 & 0.4 & 0.2 & 0.4 & 0 & 0 \\ 0 & 0 & 0 & 0.4 & 0.2 & 0.4 & 0 \\ 0 & 0 & 0 & 0 & 0.4 & 0.2 & 0.4 \\ 0 & 0 & 0 & 0 & 0 & 0 & 1 \end{bmatrix}$$

また，報酬を表すベクトルは

$$\boldsymbol{r}(\boldsymbol{s}) = \begin{bmatrix} r(-3) \\ r(-2) \\ r(-1) \\ r(0) \\ r(1) \\ r(2) \\ r(3) \end{bmatrix} = \begin{bmatrix} 1 \\ -1 \\ -1 \\ -1 \\ -1 \\ -1 \\ 1 \end{bmatrix}$$

と定める．すなわち，終了状態での報酬は 1，それ以外での報酬は -1 とする．こうして定めた報酬つきランダム・ウォークに対して，各状態の価値関数 $v(s)$ を，線形方程式 (4.4) を解くことによって求める．このためのプログラムは，次のとおりである．

```
1  import numpy as np
2  P=np.array([
3   [1,0,0,0,0,0,0],
4   [0.4,0.2,0.4,0,0,0,0],
5   [0,0.4,0.2,0.4,0,0,0],
6   [0,0,0.4,0.2,0.4,0,0],
7   [0,0,0,0.4,0.2,0.4,0],
8   [0,0,0,0,0.4,0.2,0.4],
9   [0,0,0,0,0,0,1]
10              ]);
11 r=np.array([1,-1,-1,-1,-1,-1,1]);
12 gamma=0.7;
13 v=np.linalg.solve((np.identity(7)-gamma*P),r);
14 print("Is v the solution?:",np.allclose(np.dot(np.
       identity(7)-gamma*P,v),r));
15 np.set_printoptions(precision=2);
16 print("Value function:",v);
```

1–10 行目は，推移確率行列 P に対応する P を，numpy の配列 ndarray として定義するものである．11 行目は，報酬を表すベクトル $\boldsymbol{r}$ に対応する r を，numpy の配列 ndarray として定義するものである．この配列は r と表される．

13 行目は，方程式 (4.6) を満たすベクトル $\boldsymbol{v}$ を，numpy の linalg.solve() を用いて求めるものである．その解は，v で表される．ここで，linalg.solve() は線形方程式の解を求める関数である．例えば，

$$A = \begin{bmatrix} 1 & 2 \\ 3 & 5 \end{bmatrix}, \quad b = \begin{bmatrix} 1 \\ 2 \end{bmatrix}$$

に対して，方程式 $\boldsymbol{Ax} = \boldsymbol{b}$ の解 $\boldsymbol{x}$ を求めるには，次のプログラムを用いればよい．

```
A = np.array([[1,2],[3,5]])
b = np.array([1,2])
x = np.linalg.solve(A,b)
print("x:",x)
print("Ax==b? : ",np.allclose(np.dot(A,x),b))
print("Ax:",np.dot(A,x)," b:",b)
```

1 行目は，$\boldsymbol{A}$ を表す A を，numpy の配列 ndarray として定めるものである．

2 行目は，同じく $\boldsymbol{b}$ を表す b を，numpy の配列 ndarray として定めるものである．

3 行目は，numpy の関数 linalg.solve() を用いて $\boldsymbol{Ax} = \boldsymbol{b}$ を満たす $\boldsymbol{x}$ を求めるものである．

5 行目は，allclose() を用いて，$\boldsymbol{Ax}$ を表す np.dot(A,x) の値と $\boldsymbol{b}$ を表す b の値が，十分に近いかどうかを確認するものである．十分に近ければこの関数は真を返し，そうでなければ偽を返す．

プログラムの実行結果は次のようになる．

```
x: [-1.  1.]
Ax==b? :  True
Ax: [1. 2.]  b: [1 2]
```

これより，方程式の解 $\boldsymbol{x}$ は $[-1,1]^\top$ であることがわかる．また，allclose() の結果が True であることから，A と x の積 np.dot(A,x) が b に十分に近く，x が確かにこの方程式の解であることがわかる．

価値関数を求めるプログラムの 13 行目では，np.identity(7)-gamma*P によって，

$$I - \gamma P$$

に対応する ndarray を表している．ここで，np.identity(7) は 7×7 の単位行列を返す関数である．

なお，計算機で方程式を解く際には注意が必要である．方程式 $\boldsymbol{Ax} = \boldsymbol{b}$ の解が $\boldsymbol{x} = \boldsymbol{A}^{-1}\boldsymbol{b}$ と表されるからといって，プログラムで

```
x=np.dot(np.linalg.inv(A),b)
```

としてはいけないことはぜひ覚えておいてほしい．ここで，np.linalg.inv(A) は逆行列 $\boldsymbol{A}^{-1}$ を計算する関数である．その理由を知るには，数値計算の教科書を参照するとよい．コンピュータを用いて $\boldsymbol{x} = \boldsymbol{A}^{-1}\boldsymbol{b}$ を満たす $\boldsymbol{x}$ を求めるには，$\boldsymbol{A}^{-1}$ を $\boldsymbol{b}$ の左からかけるのではなく，方程式 $\boldsymbol{A}\boldsymbol{x} = \boldsymbol{b}$ を解かなければならない．

14 行目は，np.identity(7)-gamma*P と，13 行目で求めた v との積が，r の値に十分に近くなっているかを allclose() により確認するものである．

16 行目は得られた解 v の値を画面に表示するものであるが，その際の表示桁数を，15 行目で set_printoptions() により 2 桁に指定している．

価値関数を求めるプログラムを実行すると，次の結果が得られる．

```
Is v the solution?: True
Value function: [3.33  -0.83 -2.3 -2.66 -2.3 -0.83 3.33]
```

このことから，価値関数として

$$\boldsymbol{v} = \begin{bmatrix} v(-3) \\ v(-2) \\ v(-1) \\ v(0) \\ v(1) \\ v(2) \\ v(3) \end{bmatrix} = \begin{bmatrix} 0 \\ 3.33 \\ -0.83 \\ -2.3 \\ -2.66 \\ -2.3 \\ -0.83 \\ 3.33 \end{bmatrix}$$

が得られたことがわかる．このベクトルの値を見ると，吸収壁に近い状態のほうが，そうでない状態に比べて価値関数の値が大きくなっていることがわかる．

ここで，状態 i から $i+1$ への推移確率を，$i-1$ への推移確率よりも少し大きく設定してみるとどうなるだろうか．例えば，$p(i+1|i) = 0.5$, $p(i-1|i) = 0.3$ と変更してプログラムを実行した結果は次のとおりである．

```
Is v the solution?: True
value function: [3.33 -1.38  -2.54 -2.55 -1.9 -0.27 3.33
    ]
```

この結果では，状態 i の価値 $v(i)$ のほうが，状態 $-i$ の価値 $v(-i)$ よりも大きくなっている．これは，右へ移動する確率のほうが左へ移動する確率よりも大きいことから，状態 0 からの距離が同じであっても，右にある状態のほうが価値が高くなっていると考えられる．

4.7 方策

マルコフ報酬過程では，状態 s に対して報酬を定めたが，状態間の推移自体は確率のみによって定まるのであった．例えばランダム・ウォークでは，状態 i から右の状態 $i+1$ に移るか左の状態 $i-1$ に移るか，あるいはその場にとどまるかは，全くの偶然によるものであり，粒子が自らの判断で価値の高い状態に移動する，ということはない．これは，川でボートに乗って流されているが，舵をとる方法がなく，左岸か右岸にたどり着くには運を天に任せるしかない，というような状況である．

さて，このようなマルコフ報酬過程に，“行動” という要素を採り入れたい．すなわち，エージェントが自ら決定した行動をとることにより，できるだけ大きなリターンを得ようとする，という状況を表す過程を扱いたい．例えば，川でボートに乗って流されているが，舵をとって右か左に移動することができるとする．もし，今の位置が左岸より右岸に近ければ，右に舵を切るという “行動” をとることで早く岸にたどり着くことが期待できるだろう．

エージェントがある状態 s にいるときにとる**行動** a を定めるのが，**方策** (policy) である．方策は，状態の集合 $\mathcal{S}$ から行動の集合 $\mathcal{A}$ への写像として定められる．

定義 7 (方策)**.** 方策 π は，状態の集合 $\mathcal{S}$ からとりうる行動の集合 $\mathcal{A}$ への写像として定められる：

$$\pi : \mathcal{S} \to \mathcal{A}$$

方策としては，**確定的方策**と**確率的方策**を区別する．確定的方策は，状態 s においてとる行動 a を 1 つに定めるものであり，

$$\pi(s) = a$$

と表される．これに対して，確率的方策は，状態 s から行動 a をとる確率を

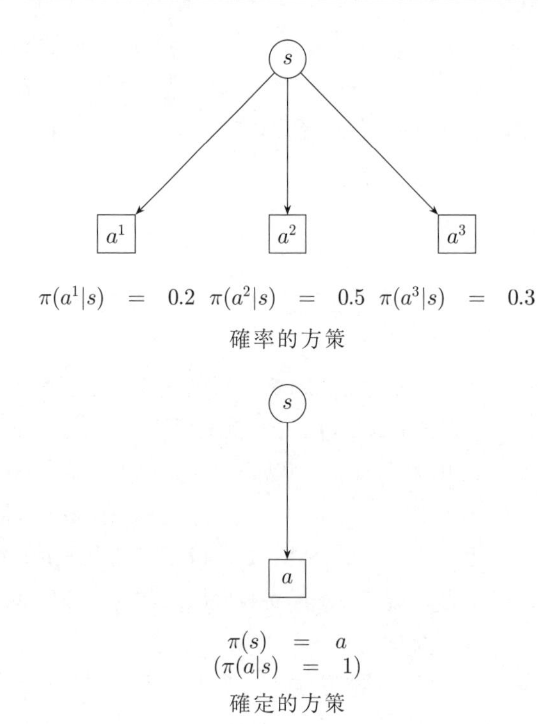

図 4.7　確率的方策と確定的方策

定めるものであり，

$$\pi(a|s) = P(a_t = a \mid s_t = s)$$

と表される．すなわち，期 t における状態 s_t が s であるという条件のもとで，期 t にとる行動 a_t が a である確率として定められる．

確定的方策は，確率的方策の特別な場合と見ることができる．具体的には，確定的方策 $\pi(s) = a$ は，状態 s から行動 a をとる確率が 1 であり，それ以外の行動をとる確率はいずれも 0 である確率的方策とみなすことができる．

図 4.7 に，確定的方策と確率的方策における状態から行動への推移を示した．円が状態を示し，その下に線で接続された四角が行動を示す．確定的方策は状態 s からとる行動 a が 1 つであるので，線で結ばれる四角はちょうど 1 つである．これに対して，確率的方策では状態 s から線で結ばれる四角は 3 つある．そして，それぞれの四角が表す行動をとる確率を，四角の下部に示している．

ここで，確率的方策の例を挙げる．いま，“地点 A にいる” という状態から，“地点Bにいる”という状態に推移するために“移動する”という行動をとるとする．このとき，とりうる行動として，次の3つがあるとする．

行動1 バスに乗る
行動2 自家用車に乗る
行動3 自転車に乗る

これらの行動のなかから，地点Bにできるだけ早く到着する行動を決めたい．しかし，それぞれの行動をとったときに実際にかかる移動時間は，そのときの天気，道路状況，健康状態など様々な要素によって決まる．したがって，常にとるべき唯一の行動が決まるということはない．このような場合，$s=$“地点Aにいる”という状態からどの行動をとるかを定める方策 $\pi(a|s)$ は，次のように，確率で定めることとする．

- π(バスに乗る | 地点Aにいる) $= 0.3$
- π(自家用車に乗る | 地点Aにいる) $= 0.5$
- π(自転車に乗る | 地点Aにいる) $= 0.2$

また，自家用車である地点から他の地点に移動する際の経路選択も確率的方策の例となるだろう．ある交差点 s にいるとして，この交差点から，右折するか，左折するか，直進するか，がとりうる行動 a とする．3通りのそれぞれの行動のうちどれが最も早く目的地に着けるかは，その先の道路状況による．ある日は右折した先の道路状況が良く最も早く着けるかもしれないが，別の日は左折したほうが早く着けるかもしれない．このような場合は，交差点 s にいるときにとるべき行動は，例えば次の確率的方策として定めることができる．

$$\pi(\text{右折する}\,|s) = 0.25$$
$$\pi(\text{左折する}\,|s) = 0.5$$
$$\pi(\text{直進する}\,|s) = 0.25$$

なお，図4.7では，**木**と呼ばれる構造を用いた．木とは，特別な性質を持つネットワークのことを指すが，**ネットワーク**とは，点の集合と，点同士を結ぶ枝の集合からなるものである．図4.8にネットワークの例を示した．このネットワークは，点の集合 $V = \{\mathrm{A,B,C,D,E}\}$ と，枝の集合 $A = \{(\mathrm{A,B}),(\mathrm{A,C}),(\mathrm{B,D}),(\mathrm{C,B}),(\mathrm{C,D}),(\mathrm{D,E})\}$ により定められる．枝の

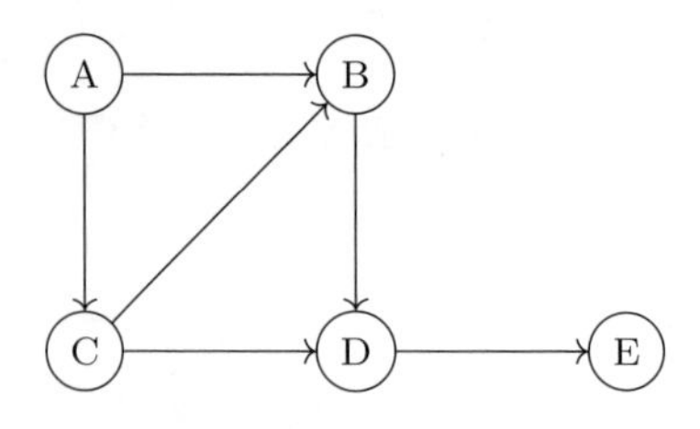

図 4.8　ネットワークの例

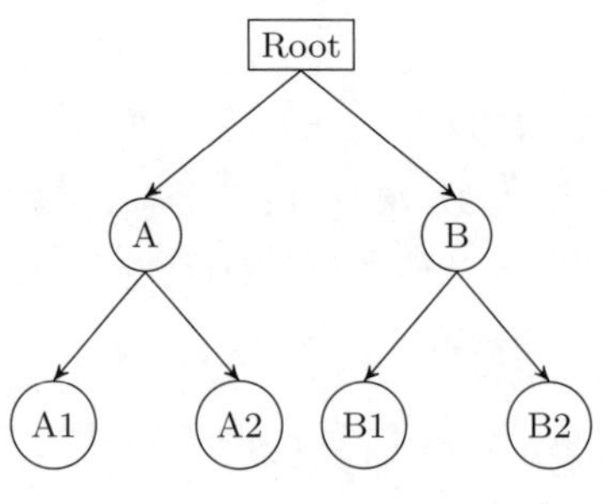

図 4.9　木の例

両端の点を，その枝の端点という．特に，枝が出る点を始点，入る点を終点という．例えば，枝 (D, E) の端点は D と E であり，始点は D，終点は E である．

ネットワーク内の点の列 $v_1, v_2, \ldots, v_n$ があり，e_i は v_i から v_{i+1} への枝であるとする．このとき，枝の列 $e_1, e_2, \ldots, e_{n-1}$ を，点 v_1 から点 v_n への経路という．例えば，枝の列 (A, C), (C, D), (D, E) は，A から E への経路である．そして，e_1 の始点と e_{n-1} の終点が同じである経路を，閉路という．任意の 2 つの点の間に経路が存在し，かつ，閉路が存在しないネットワークのことを，木という．

図 4.9 に木の例を示した．ここで，最上部の “Root” で示したのは，ルートと呼ばれる木において特別な点である．木には必ず 1 つのルートが存在し，ルートは他のノードを始点とする枝の終点にはならない．また，木のすべてのノードは，このルートを始点とする経路の終点となっている．木における枝 (v_1, v_2) について，枝の始点 v_1 を終点 v_2 の**親**，終点 v_2 を始点 v_1 の**子**という．そして，子を持たない点のことを，**葉**という．図 4.9 に示した木では，A1, A2, B1, B2 が葉である．また，共通の親を持つ子たちのことを，兄弟という．

最上部に示したルートの世代をレベル 1，ルートの子たちのことをレベル

2，さらにレベル2のそれぞれの子たちのことをレベル3という．一般に，レベル n を親とする子たちのことを，レベル $n+1$ ということにする．図4.9では，Rootがレベル1，AとBがレベル2，A1, A2, B1, B2がレベル3の点となる．

本書では，状態の推移などの様子を図示するために，木構造をよく用いる．

4.8 マルコフ決定過程

マルコフ報酬過程では，状態の集合と推移確率に加えて，状態に対する報酬が用いられた．このマルコフ報酬過程に，さらに行動の要素を付け加えたものが**マルコフ決定過程**である．

マルコフ過程の推移は，状態の列として表した．

$$(s_0, s_1, s_2, \ldots, s_t, \ldots)$$

そして，マルコフ報酬過程はこれに報酬の列を追加することで表した．

$$(s_0, r_0, s_1, r_1, s_2, r_2, \ldots, s_t, r_t, \ldots)$$

マルコフ決定過程は，これにさらに行動 a_t の列を追加することで表す．

$$(s_0, a_0, r_0, s_1, a_1, r_1, s_2, a_2, r_2, \ldots, s_t, a_t, r_t, \ldots)$$

この列では，状態 s_t と s_{t+1} の間に，a_t がある．これは，状態 s_t において行動 a_t をとった結果として s_{t+1} に至ることを示している．

マルコフ決定過程を木構造で表した例を，図4.10に示した．この図では，状態を円で表し，行動を四角で表している．いま，最上部のレベル1の円で表される状態にいるとする．このレベル1の円は，期0での状態 s_0 を表す．ここから，レベル2の3つの四角で表されるいずれかの行動をとる．これらの四角は，a_0 の値としてとりうる行動を表す．例えば，最も左の四角で表される行動 a^1 をとるとする．こうして状態 s_0 で行動 $a_0 = a^1$ をとった結果として，次に至る状態 s_1 は，レベル3の左2つの円 s^1 と s^2 で表される状態のいずれかとなる．ここで，レベル3の円 $s^1, s^2, \ldots, s^6$ は期1での状態 s_1 の値としてとりうる状態を表す．例えば，s^1 と s^2 のうち，s^1 が実現したとする．すると，そこからレベル4の四角で表される a^4 と a^5 のいずれかの行動をとる．ここで，レベル4の四角 $a^4, a^5, \ldots, a^{15}$ は，期1での行動 a_1 の値と

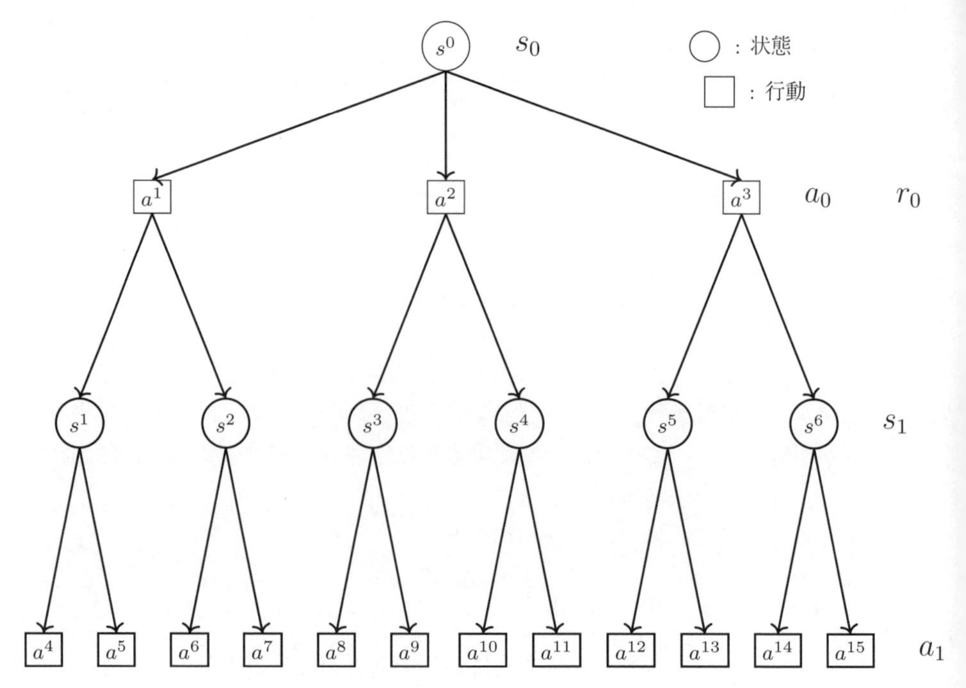

図 4.10　マルコフ決定過程

してとりうる行動を表す．このような推移を木構造で表したものが図 4.10 である．この図ではレベル 4 までの木として表しているが，それ以降の期の推移を表す $s_2, a_2, \ldots$ は省略していることに注意する．

ここで，次に示すマルコフ報酬過程のエピソードを取り上げる．マルコフ報酬過程であるので，このエピソードには行動は含まれていないことに注意する：

$$\begin{aligned}&(s_0, r_0, s_1, r_1, s_2, r_2, s_3, r_3, s_4, r_4, s_5, r_5)\\&\qquad = (0, -1, 1, -1, 2, -1, 1, -1, 2, -1, 3, 1)\end{aligned}$$

ここで，$s_0 = 0$，$s_1 = 1$ であるので，期 0 に位置 0 にいる粒子は，右隣に移動して次の期 1 には位置 1 に至っている．マルコフ報酬過程では粒子は自ら行動はせず，ただ推移確率に従って移動するだけであった．したがって，ここで右に移動したのは，粒子の行動の結果ではなく，たまたまである．

いま，粒子の右への移動，左への移動が，たまたま実現したものではなく，粒子の行動の結果だとする．このことを s_t と a_t の列で表すと，次のようになる．ただし，報酬は表記から省いた：

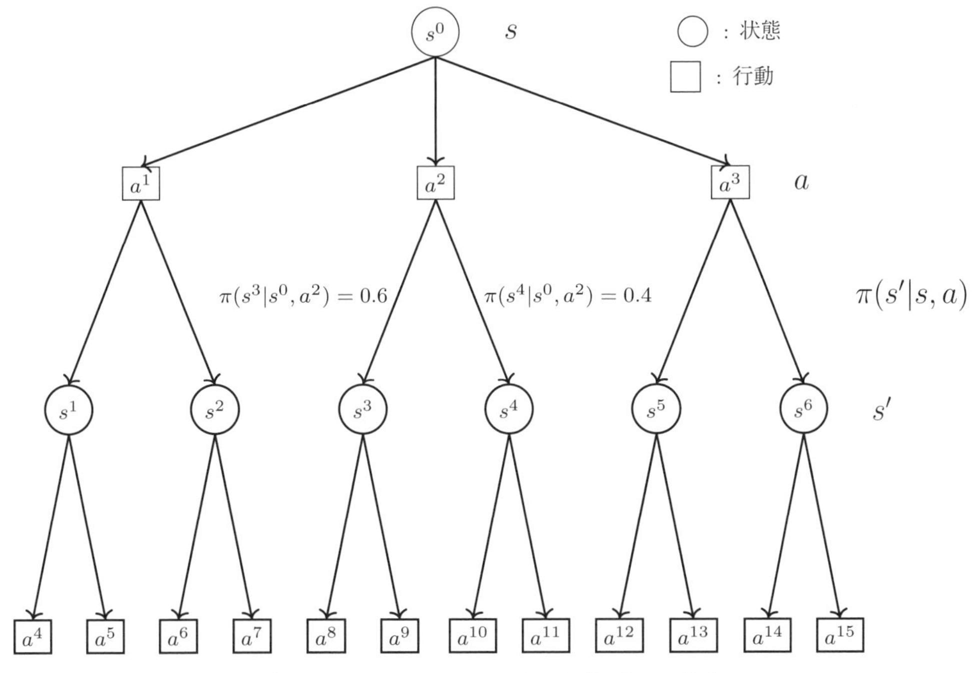

図 4.11 状態と行動のペア (s, a) と次の状態 s' への推移

$$
\begin{aligned}
&(s_0, a_0, s_1, a_1, s_2, a_2, s_3, a_3, s_4, a_4, s_5) \\
&\quad = (0, \text{右に移動}, 1, \text{右に移動}, 2, \text{左に移動}, 1, \text{右に移動}, 2, \text{右に移動}, 3)
\end{aligned}
$$

さて，マルコフ報酬過程では，推移確率は，状態 s から s' に至る確率として定められるのであった：

$$
p(s_{t+1} = s' | s_t = s)
$$

これに対して，マルコフ決定過程では，推移確率の定義に行動を取り入れる．すなわち，状態 $s_t = s$ において行動 $a_t = a$ をとったときに，状態 $s_{t+1} = s'$ に至る確率として推移確率を定める：

$$
p(s_{t+1} = s' | s_t = s, a_t = a)
$$

状態 s から行動 a をとり，その結果として状態 s' に至る様子を図 4.11 に示した．この図では，最上部の円で表される状態 $s = s^0$ から，行動 a としてレベル 2 の 3 つの四角 a^1, a^2, a^3 で表されるいずれかの行動をとることを表している．いま，真ん中の四角で表される行動 a^2 をとったとする．この行動

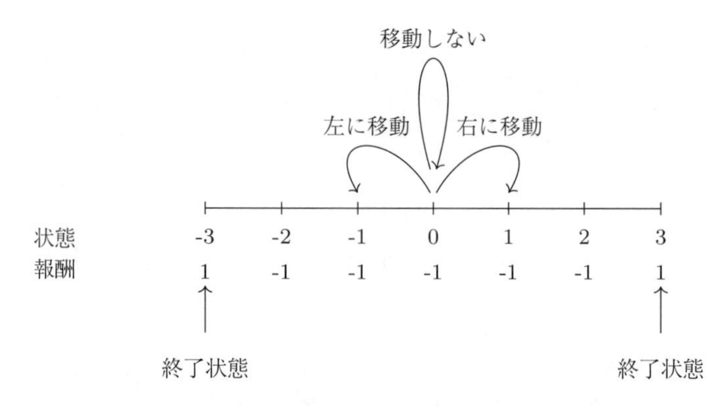

図 4.12　数直線上のマルコフ決定過程

を表すレベル2の四角は，状態 $s = s^0$ で行動 $a = a^2$ をとるということから $(s, a) = (s^0, a^2)$ というペアで表される．(s^0, a^2) から推移する先の状態 s' としてとりうる値は，レベル3の6つの円のうち，中央の s^3, s^4 で表される2つの円である．そして，ペア (s, a) から状態 s' への推移は，レベル2の四角からレベル3の円への線として表される．そして，その確率 $\pi(s'|s, a)$ は線の隣に付記されている．

マルコフ過程とマルコフ報酬過程でのランダム・ウォークの例では，状態 i からは確率 p で状態 $i+1$ に，確率 q で状態 $i-1$ に，確率 $1-p-q$ で状態 i に移るとしていた:

$$
\begin{aligned}
p(s_{t+1} = i+1 \mid s_t = i) &= p \\
p(s_{t+1} = i-1 \mid s_t = i) &= q \\
p(s_{t+1} = i \mid s_t = i) &= 1-p-q
\end{aligned}
$$

これに対して，マルコフ決定過程では，状態間の移動を行動の結果として扱うことにする（図 4.12）．すなわち，状態 $s_t = i$ において，右に移動する，という行動をとると，確率1で $s_{t+1} = i+1$ となるとする．このことを，次のように推移確率行列として表す．

$$
\begin{aligned}
p(s_{t+1} = i+1 \mid s_t = i, a_t = \text{右に移動}) &= 1, \\
p(s_{t+1} = k \mid s_t = i, a_t = \text{右に移動}) &= 0 \quad k \neq i+1
\end{aligned}
$$

これを推移確率行列として次のように書くことにする．

$$
P(s'|s,a=\text{右に移動}) = \begin{array}{cc}
 & \begin{array}{ccccccc} -3 & -2 & -1 & 0 & 1 & 2 & 3 \end{array} \\
\begin{array}{r} -3 \\ -2 \\ -1 \\ 0 \\ 1 \\ 2 \\ 3 \end{array} &
\begin{bmatrix}
1 & 0 & 0 & 0 & 0 & 0 & 0 \\
0 & 0 & 1 & 0 & 0 & 0 & 0 \\
0 & 0 & 0 & 1 & 0 & 0 & 0 \\
0 & 0 & 0 & 0 & 1 & 0 & 0 \\
0 & 0 & 0 & 0 & 0 & 1 & 0 \\
0 & 0 & 0 & 0 & 0 & 0 & 1 \\
0 & 0 & 0 & 0 & 0 & 0 & 1
\end{bmatrix}
\end{array}
$$

例えば，この行列の2行目は，状態 -2 からの推移確率を表す．この行では，-1 の列に対応する要素が1であり，それ以外の要素は0である．これは，状態 -2 から右に移動するという行動をとった場合には状態 -1 に至る確率が1であり，それ以外の状態に至る確率が0であることを表している．また，1行目は状態 -3 からの推移確率を表すが，この行では -3 に対応する1列目の要素が1で，それ以外の要素は0である．これは，-3 が吸収壁であるため，いったん -3 に至ったらそれ以降は -3 の状態にとどまることを表している．状態3に対する7行目の要素も同様に設定されている．

左への移動についても同様に定められる：

$$
P(s'|s,a=\text{左に移動}) = \begin{array}{cc}
 & \begin{array}{ccccccc} -3 & -2 & -1 & 0 & 1 & 2 & 3 \end{array} \\
\begin{array}{r} -3 \\ -2 \\ -1 \\ 0 \\ 1 \\ 2 \\ 3 \end{array} &
\begin{bmatrix}
1 & 0 & 0 & 0 & 0 & 0 & 0 \\
1 & 0 & 0 & 0 & 0 & 0 & 0 \\
0 & 1 & 0 & 0 & 0 & 0 & 0 \\
0 & 0 & 1 & 0 & 0 & 0 & 0 \\
0 & 0 & 0 & 1 & 0 & 0 & 0 \\
0 & 0 & 0 & 0 & 1 & 0 & 0 \\
0 & 0 & 0 & 0 & 0 & 0 & 1
\end{bmatrix}
\end{array}
$$

マルコフ決定過程では，報酬を定める際にも行動を取り入れる．マルコフ報酬過程では，状態 s の報酬を $r(s)$ と表したが，マルコフ決定過程では状態 s と行動 a のペアに対して定めることにして，$r(s,a)$ と表す．

また，マルコフ報酬過程では，報酬関数も

$$R(s_t = s) = \mathbb{E}[r_t | s_t = s]$$

と状態 s に対して定めていたが，マルコフ決定過程では条件に行動を取り入

れて

$$R(s_t = s, a_t = a) = \mathbb{E}[r_t | s_t = s, a_t = a]$$

と定めることにする．$R(s_t = s, a_t = a)$ が t によらない場合は，$R(s, a)$ とも表す．

これらを用いて，マルコフ決定過程は 5 つ組 $\langle \mathcal{S}, \mathcal{A}, P, R, \gamma \rangle$ として定められる．

定義 8 (マルコフ決定過程)**.** マルコフ決定過程は，状態の有限集合 $\mathcal{S}$，状態間の推移確率行列 P，報酬関数 R，割引率 γ，行動の集合 $\mathcal{A}$ の 5 つ組 $\langle \mathcal{S}, \mathcal{A}, P, R, \gamma \rangle$ によって定められる．

方策が確率的である場合は，状態 s の報酬を

$$R^\pi(s) = \sum_{a \in \mathcal{A}} \pi(a|s) R(s, a)$$

と表すことができる．これは，状態 s に対して定まるので，s の関数である．また，方策 $\pi(a|s)$ の値によって定まるものなので，右肩に π を付して $R^\pi(s)$ と表すことにする．

行動を取り入れた推移確率

$$p(s_{t+1} = s' | s_t = s, a_t = a)$$

についても同様に，確率的方策 $\pi(a|s)$ を用いた次の計算によって，状態 s から s' への推移確率として，行動 a を含まない形 $p^\pi(s'|s)$ で表すことができる：

$$p^\pi(s'|s) = \sum_{a \in \mathcal{A}} \pi(a|s) p(s'|s, a)$$

このようにすると，5 つ組 $\langle \mathcal{S}, \mathcal{A}, P, R, \gamma \rangle$ によって定められるマルコフ決定過程は，4 つ組 $\langle \mathcal{S}, P^\pi, R^\pi, \gamma \rangle$ で定められるマルコフ報酬過程として扱うことができる．ここで，P^π は $p^\pi(s'|s)$ によって定められる推移確率行列，R^π は $R^\pi(s)$ によって定まる報酬関数とする．

こうしてマルコフ報酬過程として定式化することで，マルコフ決定過程に対しても，マルコフ報酬過程に対する解析手法を適用することができる．例えば，4.6 節で述べた線形方程式によって価値関数を得る手法を，マルコフ決定過程に対しても用いることができる．

マルコフ決定過程では，状態 s からとる行動を，確定的方策 $\pi(s)$ か，また

は確率的方策 $\pi(a|s)$ によって定めるのであった．この場合，状態 s の価値は方策 π によって異なる．そこで，方策 π に対する価値関数を $v^\pi(s)$ と表し，次のとおりに定める．

定義 9 (方策 π に対する価値関数)**.** マルコフ決定過程において，方策 π を用いる場合の価値関数 $v^\pi(s)$ を，状態 s から始めて，その後，方策 π に従ったときの期待リターンとして定義する：

$$v^\pi(s) = \mathbb{E}_\pi[G_t|s_t = s]$$

ここで，右辺の期待値は方策 π に従ったときのものなので，$\mathbb{E}$ の右下に π を付している．

価値関数 $v^\pi(s)$ は，状態 s から始めて方策 π に従ったときの状態 s の価値を表すものであるが，状態 s から行動 a をとったときの価値を，**行動価値関数** $q^\pi(s,a)$ として次のとおりに定める：

定義 10 (方策 π に対する行動価値関数)**.** マルコフ決定過程において，方策 π を用いる場合の行動価値関数 $q^\pi(s,a)$ を，状態 s から始めて行動 a をとり，その後，方策 π に従ったときの期待リターンとして定義する：

$$q^\pi(s,a) = \mathbb{E}_\pi[G_t|s_t = s, a_t = a]$$

マルコフ報酬過程では，価値関数は現在の報酬 r_t と次の状態の価値 $v(s_{t+1})$ との和に分解できた：

$$v(s) = \mathbb{E}[G_t|s_t = s] = \mathbb{E}[r_t + \gamma v(s_{t+1})|s_t = s]$$

同様に，マルコフ決定過程の方策 π に関する価値関数 $v^\pi(s)$ も次のように分解される：

$$v^\pi(s) = \mathbb{E}_\pi[r_t + \gamma v^\pi(s_{t+1}) \mid s_t = s]$$

さらに，行動価値関数 $q^\pi(s,a)$ も同様に分解される：

$$q^\pi(s,a) = \mathbb{E}_\pi[r_t + \gamma q^\pi(s_{t+1}, a_{t+1}) \mid s_t = s, a_t = a]$$

これらの価値関数 $v^\pi(s)$ と行動価値関数 $q^\pi(s,a)$ とは，次の関係式を満たす．

$$v^\pi(s) = \sum_{a \in \mathcal{A}} \pi(a|s) q^\pi(s,a)$$

この関係式を図示すると，図 4.13 のようになる．レベル 1 の円で示された

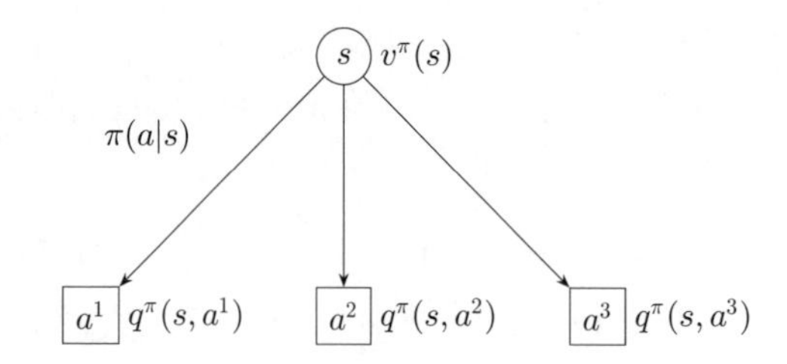

$$v^\pi(s) = \pi(a^1|s)q^\pi(s, a^1) + \pi(a^2|s)q^\pi(s, a^2) + \pi(a^3|s)q^\pi(s, a^3)$$

図 4.13 v^π と q^π の関係

状態 s には，状態価値関数 $v^\pi(s)$ が定められる．この状態 s からとりうる行動として，レベル 2 に四角で示した 3 つの行動 a^1, a^2, a^3 があるとする．それぞれの行動 a をとる確率は確率的方策 π で表される．例えば，レベル 1 の円から行動 a^1 と書かれた四角への接続線は，状態 s から行動 a^1 をとることを表している．そこで，この a^1 と書かれた四角に，行動価値関数 $q^\pi(s, a^1)$ を関連づける．こうして，状態価値関数と行動価値関数は

$$v^\pi(s) = \pi(a^1|s)q^\pi(s, a) + \pi(a^1|s)q^\pi(s, a^2) + \pi(a^2|s)q^\pi(s, a^3)$$

と関連づけられることがわかる．

第5章

動的計画

問題の構造の解析や，最適解の計算のためによく用いられる方法として，**動的計画**がある．これは，特定の計算方法というよりも，問題解析や計算方法の設計の考え方，と捉えるとよい．この章では，例として整数の和の計算と最短路問題を取り上げ，動的計画の考え方を述べる．そして，強化学習における方策評価と価値反復に動的計画の考え方を用いる方法と，それらをPythonのプログラムとして実行する方法を述べる．

5.1　例1: 整数の和

1からnまでの整数の和を求める問題を扱う．

1からnまでの整数の和を$T(n)$と表すことにする．この$T(n)$は，次の式で定められる．

$$T(n) = 1 + 2 + \cdots + n \tag{5.1}$$

$T(n)$をこの式によって求めるには，$n-1$回の足し算が必要である．

ところで，この式は

$$T(n) = T(n-1) + n \tag{5.2}$$

と書くことができるので，$T(n)$を求める際にすでに$T(n-1)$の値がわかっていれば，$n-1$回ではなく1回の足し算で$T(n)$の値を求めることができる．$T(n)$の値が$T(n-1)$によって定められる，ということから，$T(n)$が再帰的な構造を持っていることがいえる．

いま，$T(1), T(2), T(3), \ldots, T(10)$と，10個の値を順にすべて計算したい

とする．これを，定義式 (5.1) によって求めようとすると，必要な足し算の回数は，

$$
\begin{aligned}
T(1)+T(2)+\cdots+T(10) &= 1+(2-1)+(3-1)+\cdots+(10-1)\\
&= 1+2+\cdots+9\\
&= 45
\end{aligned}
$$

より，45 回であることがわかる．

ここで，(5.2) の関係式を有効に使うことで，足し算の回数を減らすことができる．これには，まず，$T(1)$ の値を定義式より $T(1)=1$ と求める．そして，得られたこの $T(1)$ の値を，表に書き留めて覚えておくことにする．その後，次の $T(2)$ の計算に取り掛かる．

$T(2)$ の計算は，定義式 (5.1) ではなく関係式 (5.2) によって行う：

$$T(2)=T(2-1)+2=T(1)+1$$

この右辺の $T(1)$ はすでに計算して表に書き留めてあるので，その値を表から読み取って代入すればよい：

$$T(2)=T(1)+1=1+1=2$$

こうして得られた $T(2)$ の値も，$T(1)$ と同様に表に書き留めて覚えておく．

次に $T(3)$ を計算するが，これも $T(2)$ のときと同様に，関係式 (5.2) によって計算することにする：

$$T(3)=T(2)+3$$

この右辺の $T(2)$ に，表に書き留めてある $T(2)$ の値である 2 を代入して，$T(3)=2+3=5$ と求めることができる．

このように，$T(n)$ の値を n の小さいほうから計算する場合は，すでに計算したものをメモして覚えておくことで計算の手間を省くことができる．これを，参照表による計算量の削減という．プログラミングの手法として，**メモ化**と呼ばれることもある．

ここで，$T(n)$ の計算の手間を省くことができたのは，$T(n)$ の値が，関係式 (5.2) の示すとおり，$T(n-1)$ によって定めることができたからである．この関係式から，“$T(n)$ を求める” という問題は，その**部分問題**である “$T(n-1)$ を求める” という問題が解けていれば簡単に解ける，という構造になっていることがわかる．したがって，$T(1)$ から順に解いていくのであれば，$n-1$

個の記入欄のある表に $T(1), T(2), \ldots, T(n-1)$ の値を記入して覚えておくことで，$T(n)$ の値は容易に求めることができる．

整数の和を，定義式 (5.1) によって求めるプログラムと関係式 (5.2) によって求める処理の計算時間を比較するプログラムは，次のとおりである．

```
1  import time
2
3  def T(n):
4      return sum([i for i in range(1,n+1)])
5
6  def T_memo(n,memo):
7      if n-1 in memo:
8          memo[n] = memo[n-1]+n
9      else:
10         memo[n] = sum([i for i in range(1,n+1)])
11     return memo[n]
12
13 n=10000
14
15 start_time = time.time()
16 for i in range(1,n+1):
17     T(i)
18 end_time = time.time()
19 print('T(%4d) Elapsed time:%4f seconds'
20         %(n, end_time-start_time))
21
22 memo={}
23 start_time = time.time()
24 for i in range(1,n+1):
25     T_memo(i,memo)
26 end_time = time.time()
27 print('T_memo(%4d) Elapsed time:%4f seconds'
28       %(n, end_time-start_time))
```

1 行目で，プログラムの実行時間を計測するために用いるパッケージ `time` をインポートする．

3–4 行目は，定義式 (5.1) に基づいて整数の和を計算する関数 `T()` を定めるものである．この関数は，`n` を引数にとる．この関数は，`1` から `n` までの整数の和を求めるが，そのために，`range(1,n+1)` の表す各値を要素とするリストを内包表記で表している．そして，そのリストに対して `sum()` を適用している．そうして得た値を，返り値として返している．

6–11 行目は，表を用いて関係式 (5.2) に基づいて整数の和を計算する関数 `T_memo()` を定めるものである．この関数の引数は `n` と `memo` である．`n` は，$T(n)$ の n を表すものであり，`memo` はすでに計算した和を覚えておく表を表す辞書である．

7 行目の `if` 文では，辞書 `memo` のなかに $T(n-1)$ の値がすでに書き留められているかどうかを確認する．この `if n-1 in memo` は，辞書 `memo` のキーに `n-1` が存在するときに真を，存在しないときに偽を返す．この式が真であるときは，$T(n-1)$ の値がすでに `memo[n-1]` として書き留められているということなので，$T(n)$ の値は `memo[n-1]+n` として計算できる．そこで，この値を 8 行目で `memo[n]` として辞書に書き留めた後，11 行目で `memo[n]` を関数の返り値として返す．一方，この式が偽であるときは，$T(n-1)$ の値がまだ辞書 `memo` に書き留められていないということなので，定義式 (5.1) によって $T(n)$ の値を計算する．この計算を行うのが 10 行目であり，計算方法は，`T()` で用いたものと同様である．計算した値は `memo[n]` として辞書に書き留めておき，それを 11 行目で返す．

13–28 行目は，定義した関数 `T()` と `T_memo()` の計算時間を比較するものである．

13 行目で，$T(1)$ から $T(10000)$ までの計算を行うために `n` の値を 10000 に設定している．

15 行目では，この行を実行した時点での時刻を `time.time()` により求めて，変数 `start_time` として記録している．

16，17 行目は，1 から `n` までの各整数に対して，関数 `T(i)` によって和を計算する繰り返し処理である．この処理により，`T(1),T(2),...,T(10000)` が実行される．これは，定義式 (5.1) による計算である．

18 行目では，繰り返し処理が終わってこの行が実行される時点での時刻を `time.time()` で求めて，`end_time` として記録している．

19 行目は，`end_time` から `start_time` を引くことで，16，17 行目の繰り返し処理にかかった時間を `elapsed_time` として求めるものである．こうして求めた計算時間を，19，20 行目で画面に表示している．

22–28 行目は，1 から `n` までの各整数に対して，関数 `T_memo()` によって和を計算する時間を計測するものである．

22 行目では，すでに計算した和を記録しておく辞書 `memo` を，空の辞書として初期化している．23–26 行目は，`T()` のときと同様に，`T_memo()` による計算を実行してその時間を計測するものである.

このプログラムを実行すると次の結果を得る.

```
T( 1000 )   Elapsed time:  0.0874  seconds.
T_memo( 1000 )   Elapsed time:  0.0009  seconds.
```

これを見ると, T_memo() による計算のほうが, T() による計算よりも 97 倍程度速いことがわかる.

ここで述べた, 関係式 (5.2) による整数の和の計算のように, 問題の部分構造と表を利用して計算を効率的に行う方法を, 動的計画と呼ぶ.

動的計画を用いると, 表のための空間を用意することで, 計算のための時間を節約することができる. このとき, 表のための空間が必要であることに注意する. この空間を用意できなければ, 時間を節約することができない. これは, 標語的には "時間と空間のトレードオフ" ということができる.

整数の和の計算では, $T(n)$ の計算に対して $n-1$ 個の欄のある表を用意すればよい. したがって, 必要な空間は小さいが, 問題によってはサイズが巨大すぎて表のための空間が用意できないことがある. このような問題に対しては, 表を用いた時間の節約, という方法は実現することが難しい.

なお, ここで述べた関数 T_memo() は, プログラム自体に再帰式を用いることで, より効率的なものに書き換えることができる. これは, 大学初年度のプログラミング演習でも取り上げられる内容であり, 難しくないので, 興味のある読者は試みてほしい. ここではわかりやすさを重視して, この再帰式を用いた関数の定義は行わなかった.

5.2 例 2: 最短路問題

最適化問題のなかにも, 動的計画が適用できる再帰的な構造を持ったものがある. その例として, ここでは**最短路問題**を取り上げる.

最短路問題は, ネットワーク上で定められる最適化問題である [5]. ネットワークとは, 点の集合と, 点同士を結ぶ枝の集合からなるものである. ネットワークとして表される身近な例として, 鉄道網が挙げられる. 例えば, 東京メトロ千代田線で, 表参道駅の隣の駅は乃木坂駅である. 表参道駅と乃木坂駅をそれぞれ点とすると, "表参道駅の隣が乃木坂駅である", という関係は, ペア (表参道, 乃木坂) によって, 枝として定めることができる. 枝には,

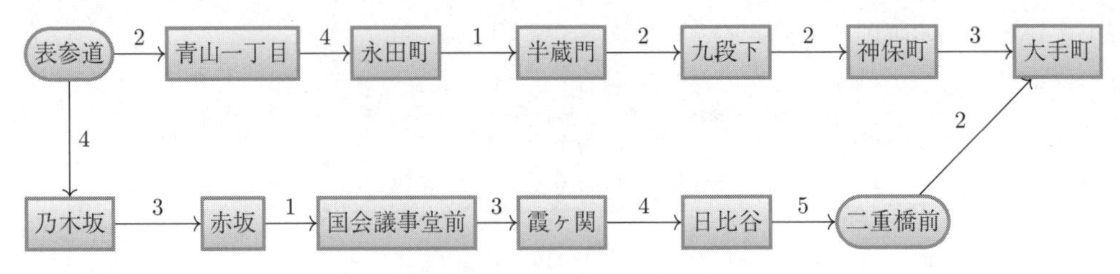

図 5.1 ネットワークの例

移動にかかる時間を関連づけることができ，それを枝のコストと呼ぶことにする．例えば,「枝 (表参道, 乃木坂) のコストは 2 分である」，という具合である．この東京メトロのネットワークの例を，図 5.1 に示した．枝の脇に示した数字は，この枝上の移動にかかる時間を分で表したものである．ただし，値自体は架空のものであり，現実の移動時間ではない．

さて，このネットワーク上で，ある駅（点）から他のある駅（点）まで移動するとする．この移動は，通過する点を順に並べることで表すことができる．例えば， 表参道から大手町までの東京メトロでの移動は，次の点の列で表すことができる：

(表参道, 青山一丁目, 永田町, 半蔵門, 九段下, 神保町, 大手町)

このとき，表参道から青山一丁目への移動には，枝 (表参道, 青山一丁目) を通るのであるが，これは表示からは省いている．ただし，わかりやすさのためにこの枝を含めて表すこともある:

(表参道, (表参道, 青山一丁目), 青山一丁目, (青山一丁目, 永田町), 永田町, ...)

このように，ネットワーク上で，ある点から他の点までの移動を表す点（と枝）の列を，**経路**と呼ぶことにする．

さて，ネットワークの枝 e のコストを，$c(e)$ と表すことにする．例えば， 表参道駅から青山一丁目駅まで移動するのに 2 分かかるとすると，枝 $e =$ (表参道, 青山一丁目) のコストを $c(e) = 2$ 分 と定義する，という具合である．

枝のコストを用いて，経路のコストを定義することができる．具体的には，経路に含まれるすべての枝のコストの和を，その経路のコストと定める．例えば，経路 p に含まれる枝が，e_1, e_2, e_3 であるとする．このとき，経路 p のコストは $c(e_1)+c(e_2)+c(e_3)$ と定められる．そして，この経路 p のコストを $c(p)$ と表すことにする．

さて，図 5.1 に示したネットワークにおいて，表参道駅から大手町に行く

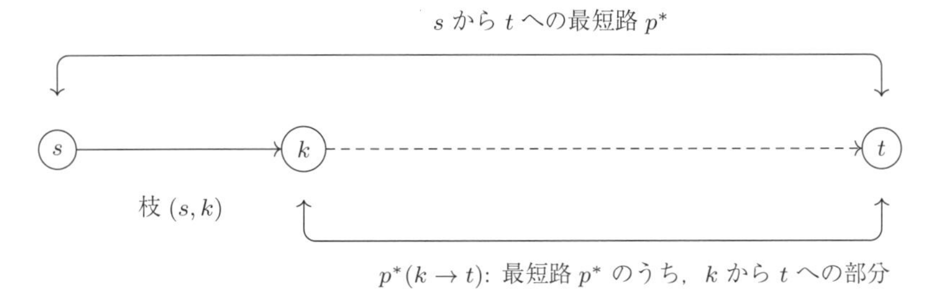

図 5.2　最短路の再帰的構造

経路には次の 2 通りがある.

経路 1 (表参道, 青山一丁目, 永田町, 半蔵門, 九段下, 神保町, 大手町)
経路 2 (表参道, 乃木坂, 赤坂, 国会議事堂前, 霞ヶ関, 日比谷, 二重橋前, 大手町)

そして，経路 1 のコストは $2+4+1+2+2+3=14$ であり，経路 2 のコストは $4+3+1+3+4+5+2=22$ である．したがって，より短い時間で移動したければ経路 1 を使うほうがよいことがわかる.

この経路 1 のように，ネットワーク上のある点 A から他の点 B までの経路のうち，最もコストの小さいものを，A から B への最短路と呼ぶ．図 5.1 上で表参道から大手町までの最短路を求める問題は，表参道から大手町までの経路が 2 本しかなかったので簡単に求まったが，一般的には 2 点間には多数の経路がある.

図 5.1 に示したのは東京メトロの路線図のごく一部であるが，実際には様々な会社の様々な路線に乗り換えることができるので，表参道から大手町まで移動する経路は非常にたくさんある．例えば，表参道から高崎を経由して大手町に移動する，というのも表参道から大手町までの経路である．このような経路のなかから最もコストが小さいものを求めようとすると，すべての経路を書き出してコストを計算して比較する，という単純な方法は使えない.

そこで，最短路の再帰的な構造に注目することにする．この構造をうまく使うことで，効率的に最短路を求めることができる.

いま，あるネットワーク上で，点 s から t までの最短路 p^* があるとする．この最短路が，点 s のすぐ後に点 k を通るとする．つまり，この最短路は，枝 (s,k) と，p^* のうちの点 k から点 t までの部分 $p^*(k \to t)$ とからなっている (図 5.2)：

$$s \text{ から } t \text{ までの最短路 } p^* = \text{枝 } (s,k) \text{ と } p^*(k \to t) \text{ をつなげたもの}$$

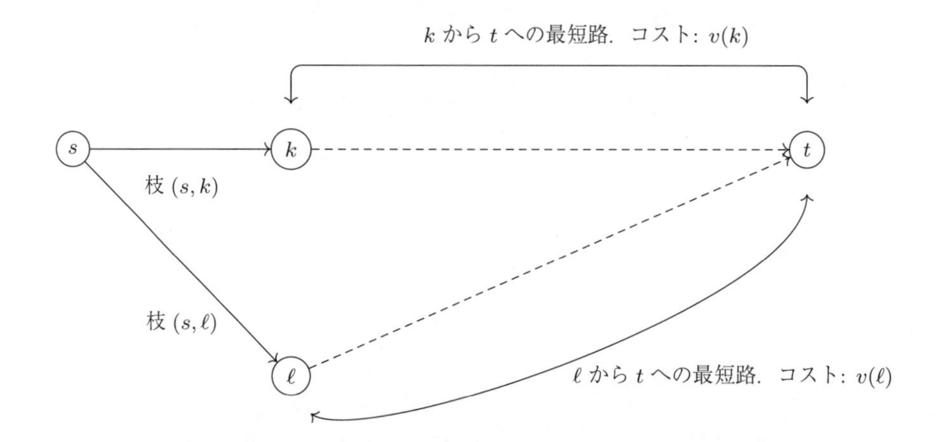

図 5.3 再帰的構造を用いた最短路の求め方

そして，最短路 p^* のコスト $c(p^*)$ は，枝 (s,k) のコスト $c((s,k))$ と，k から t への経路 $p^*(k \to t)$ のコスト $c(p^*(k \to t))$ の和である：

$$c(p^*) = c((s,k)) + c(p^*(k \to t))$$

ここで，s から t までの最短路 p^* のうち，点 k から点 t までの部分 $p^*(k \to t)$ は，点 k から点 t までの最短路になっていなければならない．これが，最短路における再帰的構造である．もし，$p^*(k \to t)$ が k から t への最短路になっていない，すなわち，点 k から点 t までの経路 $p'(k \to t)$ で，そのコストが $c(p^*(k \to t))$ よりも小さいものがあったとする．そうすると，s から t への最短路 p^* において，$p^*(k \to t)$ の部分をその経路 $p'(k \to t)$ で置き換えることで，$c(p^*)$ よりも小さいコストの点 s から点 t への経路が得られることになり，p^* が s から t への最短路であることと矛盾するからである．

この再帰的構造を用いると，点 s から点 t までの最短路を，再帰的に求めることができる．例えば，点 s は 2 つの点 k と ℓ のみに直接つながっている，すなわち，s を始点とする枝は，(s,k) と (s,ℓ) の 2 本のみとする．そして，k から t，ℓ から t への最短路がわかっているとする（図 5.3）．すると，s から t までの経路として，次の 2 つが得られる．

経路 1 点 s から枝 (s,k) 上を k に移動し，k から t までの最短路を移動する経路

経路 2 点 s から枝 (s,ℓ) 上を ℓ に移動し，ℓ から t までの最短路を移動する経路

いま，ネットワーク上の点 i から点 t までの最短路のコストを $v(i)$ と表すことにすると，経路 1 のコストは，

$$c((s,k)) + v(k) \tag{5.3}$$

と表される．同様に，経路 2 のコストは，

$$c((s,\ell)) + v(\ell)$$

と表される．ひとまずは $v(k)$ と $v(\ell)$ をどう求めるかは気にせず，ともかくこれらの値がわかっているとする．すると，s から t への最短路は，

$$c((s,k)) + v(k) < c((s,\ell)) + v(\ell)$$

である場合は経路 1，そうでない場合は経路 2 となることがわかる．こうして求まる s から t への最短路のコスト $v(s)$ は，次の式で表される：

$$v(s) = \min\{c((s,k)) + v(k), c((s,\ell)) + v(\ell)\}$$

これは，部分問題の最適値 $v(k)$ や $v(\ell)$ が求まっていたら，元の問題の最適値 $v(s)$ が再帰的に求まることを表している．

この例では，s から直接移動できる点が k と ℓ の 2 つであったが，これらを集合 $S = \{k,\ell\}$ で表すことにする．すると，前の式は次のように書かれる．

$$v(s) = \min_{j \in S}\{c((s,j)) + v(j)\}$$

こう表すと，s から直接移動できる点の数が 3 つ以上であっても同様に計算することができる．

ここまでは，s から t への最短路を扱ったが，今度は，s からだけではなく，ネットワークの各点から点 t への最短路を計算する方法を扱う．前と同様に，点 i から点 t への最短路のコストを $v(i)$ と表すことにする．ここで，$v(t)$ は明らかに 0 である．いま，点 t を終点とする唯一の枝として，(k,t) があったとする（図 5.4）．このとき，点 k から t への最短路のコスト $v(k)$ は，

$$v(k) = c((k,t)) + v(t) = c((k,t)) + 0 = c((k,t)) = 2 \tag{5.4}$$

と計算することができる．前に述べた，s から t への最短路のコストを計算する式 (5.3) では，k から t への最短路のコスト $v(k)$ は何らかの方法でわかっていると “仮定” していたが，(5.4) では，$v(t)$ の値はすでに 0 とわかってい

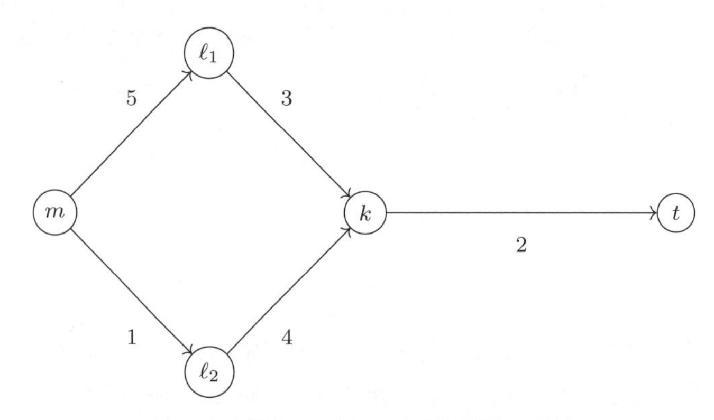

図 5.4　終点 t に注目した最短路の計算

ることに注意する（図 5.4）．つまり，t を終点とする枝からさかのぼって計算することで，すでに値がわかっている $v(t)$ を用いて $v(k)$ の計算を行うことができる．

さて，次に，点 k から枝をもう 1 本さかのぼることにする．具体的には，点 k を終点とする枝が，(ℓ_1, k) と (ℓ_2, k) の 2 本であるとする．そして，ℓ_1 を始点とする枝は (ℓ_1, k) 以外になく，ℓ_2 を始点とする枝も (ℓ_2, k) 以外にないとする．このとき，$v(\ell_1)$ は

$$v(\ell_1) = c((\ell_1, k)) + v(k) = 3 + v(k)$$

と定まる．ここで，$v(k)$ はすでに 2 と求まっているので，この値を代入することで，$v(\ell_1) = 5$ であることがわかる．同様に，$v(\ell_2) = 6$ であることがわかる．

さらに，ℓ_1 と ℓ_2 から枝をもう 1 本さかのぼる．いま，ℓ_1 と ℓ_2 を終点とする枝はそれぞれ (m, ℓ_1) と (m, ℓ_2) のみであり，これらの枝の始点 m は共通であるとする．ここで，点 m から t に至る経路は，ℓ_1 を通るものと ℓ_2 を通るものの 2 つである．したがって，m から t への最短路のコスト $v(m)$ は，次の式で求まる．

$$\begin{aligned}
v(m) &= \min\{c((m, \ell_1)) + v(\ell_1), c((m, \ell_2)) + v(\ell_2)\} \\
&= \min\{c((m, \ell_1)) + 5, c((m, \ell_2)) + 6\} \\
&= \min\{5 + 5, 1 + 6\} \\
&= 7
\end{aligned}$$

このように，終点 t からさかのぼっていくと，各点から t への最短路のコスト

が求まることがわかる．図 5.4 では単純なネットワークの例を示したが，より多くの点と枝で定められた複雑なネットワークでも，同様に再帰式を用いることで各点の最短路のコストを効率的に求めることができる．

このように，最短路問題は動的計画により効率的に解くことができる．

5.3 動的計画による価値関数の評価

マルコフ報酬過程において，各状態における価値関数は，次の関係式を満たすのであった：

$$v(s) = r(s) + \gamma \sum_{s' \in \mathcal{S}} p(s'|s) v(s') \tag{5.5}$$

この関係式は，状態 s での価値関数の値 $v(s)$ が，他の状態 s' での価値関数の値 $v(s')$ によって定まるということを表しており，再帰的な構造になっているといえる．このことから，動的計画により価値関数の値を求めることができることがわかる．

Algorithm 1 マルコフ報酬過程に対する価値関数のための動的計画アルゴリズム

1: **Step 1.** （初期化）
2: すべての状態 $s \in \mathcal{S}$ について，$v_0(s) = 0$ とする．また，反復回数を表す整数 k を $k = 1$ とする．
3: **Step 2.**
4: すべての状態 $s \in \mathcal{S}$ について，次の更新式で $v_k(s)$ を定める．
5:

$$v_k(s) \leftarrow r(s) + \gamma \sum_{s' \in \mathcal{S}} p(s'|s) v_{k-1}(s') \tag{5.6}$$

6: 収束条件 $\|v_k(\boldsymbol{s}) - v_{k-1}(\boldsymbol{s})\| < \epsilon$ が成り立てば終了する．そうでなければ $k = k + 1$ とし，**Step 2** の最初に戻る．

4.4 節で述べたとおり，状態の数 $|\mathcal{S}|$ が十分に小さければ，線形方程式を解くことで価値関数の値を求めることができる．しかし，強化学習で扱う問題では多くの場合，状態の数は大変に大きい．このような問題に対しては，メモリ量や計算時間の観点から，線形方程式を解いて価値関数の値を求めることはできない．そこで，反復的な方法により価値関数の値を求めることにする．

Algorithm 1 に示したのは，マルコフ報酬過程における各状態の価値関数を求めるための動的計画に基づくアルゴリズムである．このアルゴリズムでは，関係式

$$v(s) = r(s) + \gamma \sum_{s' \in \mathcal{S}} p(s'|s)v(s')$$

を，更新式として用いている．更新式 (5.6) の右辺の $v_{k-1}(s)$ は，$k-1$ 回目の反復で得られた価値関数の評価値であり，左辺の $v_k(s)$ は，k 回目の反復で求める価値関数の評価値である．つまり，$k-1$ 回目の反復で得られた価値関数の評価値を用いて，k 回目での価値関数の評価値を求めているということになる．

この反復処理の結果，収束条件 $\|v_k(\boldsymbol{s}) - v_{k-1}(\boldsymbol{s})\| < \epsilon$ が成り立ったとする．すなわち，k 回目の反復ではもう $k-1$ 回目の評価値から変化しなくなったとする．このとき，$v_k(s) = v_{k-1}(s) = v_*(s)$ とおくと，次の関係式が成り立つ．

$$v_*(s) = r(s) + \gamma \sum_{s' \in \mathcal{S}} p(s'|s)v_*(s')$$

これは，関係式 (5.5) そのものであるので，このときの $v_k(\boldsymbol{s})$ が価値関数を表していることがわかる．

次のプログラムは，この動的計画に基づくアルゴリズムを，1 次元のランダム・ウォークに対して実行するものである．

```
1  def one_d_randomwalk_move(S):
2      x_min, x_max = min(S), max(S);
3      move = {x_min:['→'],x_max:['←']};
4      for s in S:
5          if s not in [x_min,x_max]:
6              move[s] = ['→','←'];
7      move['T'] = ['→','←'];
8  
9      return move;
10 
11 def one_d_randomwalk_MP_env(x_min,x_max):
12     S = list(range(x_min,x_max+1));
13     terminal = [x_min,x_max];
14     move = one_d_randomwalk_move(S);
15     step = {'→':1,'←':-1};
```

```
16
17        P = {};
18        P[x_min] = {x_min+step['→']:1};
19        P[x_max] = {x_max+step['←']:1};
20        for x in S:
21            if x not in terminal:
22                P[x] = {x+step['→']:0.5,x+step['←']:0.5};
23
24        r = {s:1 if s in [x_min,x_max] else -1 for s in S};
25
26        return S,P,r;
27
28    def calcE(P,v):
29        return sum(P[sp]*v[sp] for sp in P);
30
31    def print_dict(d,k):
32        print({key:float(f'{value:.{k}f}') for key,value in d
              .items()});
33
34    def plot_one_d_value(v,kint,tfile = "t.pdf"):
35        k = len(v);
36        tdict = {i:v[i] for i in range(0,k,kint)};
37        tdict[k-1] = v[k-1];
38        df = pd.DataFrame(tdict);
39        tplt = df.plot(title="Value function",xlabel="States"
              ,ylabel="Values");
40        tplt.get_figure().savefig(tfile);
41
42    random.seed(1);
43    x_min, x_max = -3, 3;
44    S,P,r = one_d_randomwalk_MP_env(x_min,x_max);
45    gamma = 0.7;
46    v = {0:{s:0 for s in S}};
47
48    k = 1;
49    while True:
50        v[k] = {s:r[s]+gamma*calcE(P[s],v[k-1]) for s in S};
51        if np.linalg.norm([v[k-1][s]-v[k][s] for s in v[k
              ]])<1e-6:
52            break;
53        k = k+1;
```

```
54
55 print("Loop terminates after ",k," iterations.");
56 print_dict(v[k],3);
57 plot_one_d_value(v,10,"1D-DP.pdf");
```

関数 one_d_randomwalk_move() は，4.4 節で述べたものと同じである．

11–26 行目で定めている関数 one_d_randomwalk_MP_env() は，4.4 節で述べたプログラムで用いた処理を，関数として切り出したものである．とりうる値の最小値を引数 x_min，とりうる値の最大値を引数 x_max として指定することで，状態の集合を表すリスト S，推移確率行列を表す辞書 P，報酬を表す辞書 r を返す．

28，29 行目では，関数 calcE() を定めている．これは，期待値の計算

$$\sum_{s' \in \mathcal{S}} p(s'|s)v(s')$$

を実行するものである．引数 P には，状態 s からの推移確率を表す辞書，すなわち，この式の $p(s'|s)$ を要素とする辞書を指定する．v には価値関数を表す辞書，すなわち，この式の $v(s')$ を要素とする辞書を指定する．

29 行目では，内包表記によってリスト [P[sp]*v[sp] for sp in P] を定めて，その要素の和を sum() によって求めた結果を返している．この内包表記では，sp に辞書 P のキーが順に設定され，その sp に対する P[sp]*v[sp] の値が，リストの要素となる．この sp は，前の式における s' に対応している．50 行目で実際に calcE() を用いているが，最初の引数として P[s] を指定している．この P[s] は，状態 s から状態 sp への推移確率を P[s][sp] と表す辞書である．この P[s] の各キー sp に対して P[s][sp]*v[sp] の和をとることで，

$$\sum_{s' \in \mathcal{S}} p(s'|s)v(s')$$

の値を求めることができる．

31，32 行目で定める print_dict() は，辞書の内容を，桁数を指定して表示するためのものである．引数 d に表示したい辞書，k に表示したい桁数を指定する．

34–40 行目では，関数 plot_one_d_value() を定めている．これは，引数で指定した辞書 v の値をプロットするものである．この関数の引数 v としては，k 回目の反復での価値関数 v_k の値を v[k] として保持している辞書を想定し

ている．kint は，プロットに用いる反復回数の間隔を指定するものである．

35 行目では，辞書のキーの個数を求めて k としている．

36 行目では，プロットに用いるデータを要素とする辞書 tdict を，内包表記により定めている．for i in range(0,k,kint) により，0 から始めて kint おきの整数が i の値となる．例えば，k=5，kint=2 であれば，i の値は 0, 2, 4 となる．

37 行目は，v[k-1] を tdict[k-1] とするものである．v[k-1] は反復が終了した時点での価値関数の値を表しているので，プロットするデータに含めたい．そのためにこの処理を実行している．例えば，35 行目で求めた k の値が 17 であれば，v の要素は v[0], v[1], v[2], ..., v[16] であることがわかる．ここで，kint が 5 であれば，36 行目の処理によって tdict[0], tdict[5], tdict[10], tdict[15] が定められることになる．ところが，収束の様子を観察するためには，最後の状態 v[16] もプロットの対象に含めたい．そこで，この 37 行目の処理を実行することで，tdict[16] も含まれるようにする．

38 行目では，辞書 tdict のデータによってデータフレーム df を生成している．

39 行目は，df のデータをプロットするものである．

42 行目からは，定めた関数を用いて実際に方策評価を実行する部分である．

42 行目では，1 を引数として擬似乱数の種を設定している．

43 行目では，とりうる値の最小値と最大値をそれぞれ x_min と x_max として定めている．

44 行目で，関数 one_d_randomwalk_MP_env() によってリスト S，辞書 P，辞書 r を定める．

45 行目では，割引率 γ を表す gamma の値を 0.7 に設定している．

46 行目で定めている辞書 v は，k 回目の反復で得られた価値関数 v_k の値を v[k] として保持するためのものである．$k=0$ に対する v_k の値はすべての状態に対して 0 とするので，右辺は {0:{s:0 for s in S}} としている．

48 行目は，反復回数を表す k を 1 に指定するものである．

49–53 行目が，方策評価のための反復処理である．50 行目では，内包表記を用いて v[k][s] の値を S の各要素 s に対して設定している．右辺の内包表記では，キー s に対する値を r[s]+gamma*calcE(P[s],v[k-1]) としている．このうち，calcE(P[s],v[k-1]) の部分は，(5.6) の右辺の

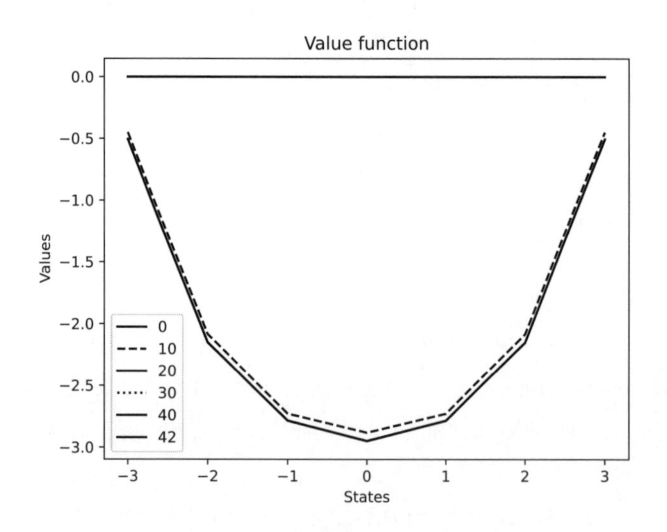

図 5.5　動的計画による価値関数

$$\sum_{s' \in \mathcal{S}} p(s'|s) v_{k-1}(s')$$

に対応する．

51 行目は，`v[k-1]` の値と `v[k]` の値が十分に近いかどうかを判定している．十分に近い場合は，反復処理を終了する．そうでない場合は，53 行目で `k` の値を 1 大きくして，反復処理を繰り返す．

56 行目は，収束条件が満たされた時点での価値関数の評価値 `v[k]` を，3 桁で画面に表示するためのものである．

57 行目は，収束するまでの各反復で得られた価値関数の評価値 `v[k]` の値を，10 回おきにプロットし，それを `1D-DP.pdf` という名前のファイルに保存するものである．

このプログラムを実行した結果，次のように表示される．

```
Loop terminates after  42  iterations
{-3: -0.507, -2: -2.152, -1: -2.786, 0: -2.95, 1: -2.786,
    2: -2.152, 3: -0.507}
```

また，反復の途中の価値関数の評価値をプロットした図を図 5.5 に示した．

収束条件が満たされるまでには 42 回の反復計算が必要であったが，10 回の反復で，最終的な価値関数に近い値が得られていることがわかる．

次に，2 次元のランダム・ウォークについてこのアルゴリズムを実行するプログラムを示す.

```
def two_d_randomwalk_move(S,xint,yint):
    x_min, x_max = xint[0],xint[1];
    y_min, y_max = yint[0],yint[1];

    move = {};
    for s in S:
        move[s] = ['→','←','↑','↓'];
        (x,y) = s;
        if x == x_min:
            move[s].remove('←');
        if x == x_max:
            move[s].remove('→');
        if y == y_min:
            move[s].remove('↓');
        if y == y_max:
            move[s].remove('↑');
    move['T'] = ['→','←','↑','↓'];

    return move;

def two_d_randomwalk_MP_env(xint,yint):
    S = [(x,y) for x in range(xint[0],xint[1]+1) for y in
         range(yint[0],yint[1]+1)];
    step = {'→':(1,0),'←':(-1,0),'↑':(0,1),'↓':(0,-1)};
    move = two_d_randomwalk_move(S,xint,yint);

    P = {};
    for s in S:
        P[s],(x,y),prob={},s,1/len(move[s]);
        P[s] = {(x+step[m][0],y+step[m][1]):prob for m in
               move[s]};

    return S,P;

def print_two_d_value(v):
    x = set([k[0] for k in v.keys()]);
    y = set([k[1] for k in v.keys()]);
    x_min, x_max = min(x),max(x);
    y_min, y_max = min(y),max(y);

```

```
39	    for y in reversed(range(y_min,y_max+1)):
40	        for x in range(x_min,x_max+1):
41	            print('{:.4g}'.format(v[(x,y)]),end="\t");
42	        print('');
43	    print();
44
45	x_min, x_max = 0,5;
46	y_min, y_max = 0,5;
47	x_init, y_init = 0,0;
48	terminal = [(x_max,y_max)];
49	S,P = two_d_randomwalk_MP_env((x_min,x_max),(y_min,y_max
	    ));
50	r = {s:1 if s in terminal else -1 for s in S};
51	r[(x_init,y_init)] = -100;
52
53	gamma = 0.7;
54	v = {};
55	v[0] = {s:0 for s in S};
56
57	k = 1;
58	while True:
59	    v[k] = {s:r[s]+gamma*calcE(P[s],v[k-1]) for s in S};
60	    vdiff = [v[k-1][s]-v[k][s] for s in v[k]];
61	    if np.linalg.norm(vdiff)<1e-6:
62	        break;
63	    k=k+1;
64
65	print("Loop terminates after ",k," iterations");
66	print_two_d_value(v[k]);
```

1–19 行目は，関数 two_d_randomwalk_move() を定めるものである．これは，1 次元の場合の one_d_randomwalk_move() にあたるものであり，各状態からとりうる行動を表すリストを値とする辞書 move を返す．

7 行目は，状態 s からとりうる行動を表すリスト move[s] の要素として，ひとまず上下左右のすべての移動を設定する．

8 行目では，タプル[*1]s の第 1 要素を x，第 2 要素を y と表せるようにしている．

9，10 行目は，x が最小値 x_min であるときの処理である．この場合は左には移動できないので，move[s] から'←' を削除する．

[*1] タプルは，複数の要素を保持するためのデータ構造の一つである．リストと異なり，いったん定義されたら後で変更することはできない．

11，12 行目は，x が最大値 x_max であるときの処理である．この場合は右には移動できないので，move[s] から'→'を削除する．

13，14 行目は，y が最小値 y_min であるときの処理である．この場合は下には移動できないので，move[s] から'↓'を削除する．

15，16 行目は，y が最大値 y_max であるときの処理である．この場合は上には移動できないので，move[s] から'↑'を削除する．

17 行目は，終了状態'T'に対する行動を上下左右に定めている．状態'T'からはこれらの行動を実際に実行することはないが，プログラム内での処理を簡単に行うためにこのように設定する．

21–31 行目は，関数 two_d_randomwalk_MP_env() を定めるものである．これは，1 次元の場合の one_d_randomwalk_MP_env() に対応するものである．この関数を実行することで，状態 S と状態間の推移確率行列を表す P を返り値として得ることができる．この関数の引数は，x の範囲を表す xint と，y の範囲を表す yint である．xint は，とりうる x 座標の最小値 x_min と最大値 x_max を用いて，(x_min,x_max) と指定する．yint も同様である．

22 行目は，とりうる状態 (x,y) を要素とするリストとして S を定めるものである．

23 行目は，上下左右の移動と，それぞれの移動を実現するための x 座標と y 座標の変化量を対応づける辞書 step を定めるものである．例えば，右への移動'→'を実現するには，x 座標に 1 を足し，y 座標に 0 を足せばよいので，step['→']:(1,0) とする．

26–29 行目は，推移確率行列を表す辞書 P を定めるものである．

28 行目は，P[s], (x,y), prob と，3 つの値を定めている．P[s] は空の辞書として定めている．(x,y) については，x を s の第 1 要素，y を s の第 2 要素として定めている．prob は，s から他の状態への推移確率を表す数として定めている．ここでは，s から推移しうる状態にはいずれも等確率で推移するとして，1/len(move[s]) としている．

29 行目は，状態 s からの推移先の各状態について，その推移確率を定めるものである．ここで，move[s] は状態 s からとりうる行動を要素とするリストであることに注意する．そのため，右辺の (x+step[m][0],y+step[m][1]) は，行動 m をとったときの推移先の状態を表しており，数式での s' に対応する．

33–43 行目で定める関数 print_two_d_value() は，2 次元の格子上に定められた価値関数の値を画面に表示するためのものである．引数 v としては，

v[(x,y)] によって (x,y) での価値関数の値が表される辞書を指定する．

34–37行目は，v のキーから，x 座標の最小値と最大値，y 座標の最小値と最大値を求めるものである．

34行目の右辺の set() の引数として与えているのは，v のキー v.keys() の各要素 k の最初の要素 k[0] を要素とするリストである．このリストの要素は重複があるので，set() の引数に与えることによって重複を取り除いた集合として x を定めている．35行目は2番目の要素 k[1] について同様の処理を行っている．こうして得られた y は，y 座標の集合を表している．

36，37行目は，x, y の最大値，最小値として x_min，x_max，y_min，y_max を定めている．

39–43行目は，v[(x,y)] の値を格子状に表示するものである．左下を (0,0)，右上を (x_max,y_max) としたいので，39行目の for 文で reversed() を用いている．これにより，y の値は，最初に y_max に設定され，その後，1ずつ小さくなっていく．

41行目の print 文で用いている end="\t"は，表示する値同士をタブで区切るためのものである．

45行目からが，価値関数の評価を行う反復処理を実行する部分である．

45，46行目は，x 座標と y 座標の最小値と最大値を定めるものである．

47行目は，初期状態を表す x_init，y_init を定めるものであり，48行目は終了状態 terminal を定めるものである．

49行目で，関数 two_d_randomwalk_MP_env() を用いてとりうる状態の集合を表すリスト S と推移確率行列を表す辞書 P を求める．

50，51行目は，報酬を定めるものである．50行目では，終了状態に対する報酬を1，それ以外の状態に対する報酬を -1 としている．そして，51行目では初期位置の報酬を -100 で上書きしている．

53行目は割引率を表す gamma を0.7に設定している．

54行目は，各反復での価値関数の評価値 v_k を v[k] と表す辞書 v を，空の辞書として初期化している．

55行目では，v_0 にあたる v[0] を，すべての値が0である辞書として定めている．

57–63行目が価値関数の評価値を求めるための反復処理である．この反復処理の部分は，1次元の場合と全く同じである．

このプログラムを実行した結果は次のとおりである．

```
Loop terminates after  48  iterations
-3.711   -3.553   -3.405   -3.201   -2.676   -0.8734
-4.194   -3.826   -3.553   -3.352   -3.11    -2.676
-6.151   -4.846   -4.006   -3.575   -3.352   -3.201
-13.04   -7.997   -5.201   -4.006   -3.553   -3.405
-37.43   -16.9    -7.997   -4.846   -3.826   -3.553
-126.2   -37.43   -13.04   -6.151   -4.194   -3.711
```

この結果より，48 回の反復処理の結果，収束条件を満たす価値関数の評価値が得られたことがわかる．各状態での価値関数は，左下の初期位置と右上の終了状態を結ぶ直線に関して対称になっていることがわかる．

5.4 方策評価

マルコフ決定過程の目的は，リターンの期待値を最大化するような行動 a を定める方策 π を求めることである．

方策が確定的方策 $\pi(s) = a$ によって定められるマルコフ決定過程において，方策 π に対する価値関数 $v^\pi(s)$ は，次の関係式を満たす．

$$v^\pi(s) = r(s, \pi(s)) + \gamma \sum_{s' \in \mathcal{S}} p(s'|s, \pi(s)) v^\pi(s') \tag{5.7}$$

したがって，この関係式を満たす $v^\pi(s)$ を見つけることができれば，方策 π に対する価値関数が見つけられたことになる．

いま，何らかの方策 π が手に入ったとする．この方策がどのくらい良いかを評価したい．方策の評価のためには，その方策に従ったときに得られる価値関数 v^π を確認すればよい．この，価値関数 v^π の評価値を求めることを，**方策評価** (policy evaluation) と呼ぶ．

この関係式 (5.7) を満たす $v^\pi(s)$ を求めるアルゴリズムを，Algorithm 2 に示した．計算手順自体は，マルコフ報酬過程に対する価値関数のための動的計画アルゴリズムと同様であるが，推移確率行列が $p(s'|s, \pi(s))$ である点と，求める価値関数が方策 π に対してのものである点が異なる．

Algorithm 2 マルコフ決定過程に対する方策評価のための動的計画アルゴリズム（確定的方策）

1: **Step 0.** （初期化）
2: すべての状態 $s \in \mathcal{S}$ について，$v_0^\pi(s) = 0$ とする．また，反復回数を表す整数 k を $k = 1$ とする．
3: **Step 1.** すべての状態 $s \in \mathcal{S}$ について，次の更新式で $v_k^\pi(s)$ を定める．
4:

$$v_k^\pi(s) \leftarrow r(s, \pi(s)) + \gamma \sum_{s' \in \mathcal{S}} p(s'|s, \pi(s)) v_{k-1}^\pi(s')$$

5: 収束条件 $\|v_k^\pi(\boldsymbol{s}) - v_{k-1}^\pi(\boldsymbol{s})\| < \epsilon$ が成り立てば終了する．そうでなければ $k = k+1$ として，**Step 1** の最初に戻る．

この方策評価アルゴリズムを，1次元のランダム・ウォークの例に対して実行してみる．

とりうる状態の最大値と最小値はそれぞれ5と-5とする．

評価する方策 π は，すべての状態 s に対して，$\pi(s) =$ "右に移動" とする．すなわち，どの位置にいても右に移動する，という方策とする．そして，右に移動する，という行動をとった場合の推移先は，確率的なものとする場合と，確定的なものとする場合の2通りを考える．確率的なものとする場合は，状態 i から状態 $i+1$ へは確率 $1-(1/2)\epsilon$ で推移し，状態 $i-1$ へは確率 $(1/2)\epsilon$ で推移するとする．例えば，$\epsilon = 0.2$ とすると，状態 $i+1$ へは確率0.9で推移し，$i-1$ へは確率0.1で推移する．ただし，状態5からは左にしか移動できないので確率1で状態4に，状態-5からは右にしか移動できないので確率1で状態-4に推移するとする．すると，このときの推移確率行列は次のようになる．

$$
P = \begin{array}{c} \\ -5 \\ -4 \\ -3 \\ -2 \\ -1 \\ 0 \\ 1 \\ 2 \\ 3 \\ 4 \\ 5 \end{array}
\begin{array}{c} \begin{array}{ccccccccccc} -5 & -4 & -3 & -2 & -1 & 0 & 1 & 2 & 3 & 4 & 5 \end{array} \\
\left[\begin{array}{ccccccccccc}
0 & 1 & 0 & 0 & 0 & 0 & 0 & 0 & 0 & 0 & 0 \\
0.1 & 0 & 0.9 & 0 & 0 & 0 & 0 & 0 & 0 & 0 & 0 \\
0 & 0.1 & 0 & 0.9 & 0 & 0 & 0 & 0 & 0 & 0 & 0 \\
0 & 0 & 0.1 & 0 & 0.9 & 0 & 0 & 0 & 0 & 0 & 0 \\
0 & 0 & 0 & 0.1 & 0 & 0.9 & 0 & 0 & 0 & 0 & 0 \\
0 & 0 & 0 & 0 & 0.1 & 0 & 0.9 & 0 & 0 & 0 & 0 \\
0 & 0 & 0 & 0 & 0 & 0.1 & 0 & 0.9 & 0 & 0 & 0 \\
0 & 0 & 0 & 0 & 0 & 0 & 0.1 & 0 & 0.9 & 0 & 0 \\
0 & 0 & 0 & 0 & 0 & 0 & 0 & 0.1 & 0 & 0.9 & 0 \\
0 & 0 & 0 & 0 & 0 & 0 & 0 & 0 & 0.1 & 0 & 0.9 \\
0 & 0 & 0 & 0 & 0 & 0 & 0 & 0 & 0 & 1 & 0
\end{array}\right] \end{array}
$$

なお，ここで ϵ に 1/2 をかけたのは，第 7 章で扱う ϵ–貪欲探索との表記の統一を図るためである．

また，報酬 $r(s,a)$ は，すべての行動 a について，状態 $s=-5$ と 5 に対しては 1，それ以外の状態に対しては -1 とする．

次のプログラムは，この設定のもとで，方策評価を実行するプログラムである．

```
1  def one_d_randomwalk_MDP_env(x_min,x_max,dyn="stochastic"
       ):
2      S = list(range(x_min,x_max+1));
3      move = one_d_randomwalk_move(S);
4      step = {'→':1,'←':-1};
5      P = {};
6      for s in S:
7          nbr = [s+step[a] for a in move[s]];
8          for a in move[s]:
9              P[(s,a)] = {sp:0 for sp in S};
10             if dyn == "stochastic":
11                 epsilon = 0.2
12                 P[(s,a)] = {sp:epsilon/len(nbr) for sp in
                        nbr};
13                 P[(s,a)][s+step[a]] = 1-epsilon+epsilon/
                       len(nbr);
14             elif dyn == "static":
15                 P[(s,a)][s+step[a]] = 1;
```

```
16              else:
17                  print("dyn is invalid\n");
18                  sys.exit(1);
19
20      terminal = [x_min,x_max];
21
22      r = {};
23      for s in S:
24          val = 1 if s in terminal else -1;
25          r[s] = {a:val for a in move[s]};
26
27      return S,P,move,r;
28
29  x_min, x_max = -5, 5;
30  terminal = [x_min,x_max];
31  S,P,move,r = one_d_randomwalk_MDP_env(x_min,x_max);
32
33  pi = {s:'→' for s in S};
34  pi[x_min] = '→';
35  pi[x_max] = '←';
36
37  gamma = 0.7;
38  v = {};
39  v[0] = {s:0 for s in S};
40
41  k = 1;
42  while True:
43      v[k] = {s:r[s][pi[s]]+gamma*calcE(P[(s,pi[s])],v[k
            -1]) for s in S};
44      vdiff = [v[k-1][s]-v[k][s] for s in v[k]];
45      if np.linalg.norm(vdiff)<1e-6:
46          break;
47      k = k+1;
48
49  print("Loop terminates after ",k," iterations");
50  print("Policy to evaluate");
51  print(pi);
52  print("Value function");
53  print_dict(v[k],3);
54  plot_one_d_value(v,10,"1D-PolicyEvaluation.pdf");
```

1–27 行目で，1 次元のランダム・ウォークに対するマルコフ決定過程のための環境を生成する関数 one_d_randomwalk_MDP_env() を定義している．この関数では，最後の引数 dyn で，設定する推移確率行列のタイプを指定する．dyn のとりうる値は，stochastic か static としている．関数の定義で dyn="stochastic"としているので，この引数を指定しなかった場合は自動的に dyn の値は stochastic になる（デフォルト値が stochastic となる）．

5–18 行目までが，推移確率行列 $P(s'|s,a)$ を P[(s,a)][sp] と表すための辞書 P を設定する処理である．

7 行目は，状態 s から推移しうる状態を nbr として定めるものである．状態 s からとりうる行動を要素とするリストが move[s] である．そして，move[s] の要素 a を実行した結果として推移する先は，s+step[a] となる．したがって，nbr は s から推移しうる状態を要素とするリストとなる．

9 行目では，辞書 P[(s,a)] を，S の各要素 sp に対して値が 0 となる辞書として定めている．これにより，move[s] の要素 sp に対して P[(s,a)][sp] の値が 0 となる．

10–13 行目は，dyn が stochastic である場合の P の値を定めるものである．状態 s から行動 a をとった場合は，大きな確率で状態 s+step[a] に推移するが，小さな確率でそれ以外の確率に推移する，ということを表すようにしたい．

12 行目は，nbr のすべての要素 sp について，P[(s,a)][sp] の値を epsilon/len(nbr) に設定するものである．

13 行目は，推移後の状態が s+step[a] である確率を，1-epsilon+epsilon/len(nbr) に設定するものである．

14，15 行目は，dyn の値が static である場合の処理である．これは，状態 s から右に移動するという行動をとったときは確率 1 で右隣の状態 s+1 に，左に移動するという行動をとったときは確率 1 で左隣の状態 s-1 に至る，ということを表す確率を設定する．したがって，P[(s,a)][s+step[a]] を 1 にして，それ以外は 0 のままとする．

16–18 行目は，dyn の値に static 以外の値が指定された場合は異常終了する処理である．

20 行目は，終了状態を表す terminal を，x_min と x_max を要素とするリストとして定めるものである．

22–25 行目は，報酬を表す辞書 r を定めるものである．終了状態を表す terminal の要素 s に対しては，move[s] のすべての要素 a に対して報酬

r[s][a] を1に，それ以外の要素に対しては −1 とするものである．

27行目は，4つのデータ S, P, move, r を返すものである．

31行目は，こうして定義した関数 one_d_randomwalk_MDP_env() によって S, P, move, r を設定するものである．

33–35行目は，方策を表す辞書 pi を定めるものである．状態 s の方策は pi[s] と表される．x_min と x_max 以外の状態については，右への移動を表す'→'を設定している．x_min と x_max については，それぞれ'→'と'←'を設定している．この方策自体に特に意味はなく，それ以外のものに，例えばランダムに定めてもよい．

37行目では，割引率 gamma の値を 0.7 としている．

38行目は，各反復での価値関数の評価値 v_k を v[k] と表すための辞書を，空の辞書として定めるものである．

39行目は，v_0 を表す v[0] を，すべての状態に対する値が0の辞書として定めるものである．

41–47行目は，収束条件が成り立つまで評価値の更新を繰り返す処理である．

41行目は，反復回数を表す k を1に設定するものである．

43行目は，k 回目の反復での状態 s の評価値 $v_k(s)$ を v[k][s] として定めるための処理である．右辺の内包表記は，マルコフ報酬過程に対する価値関数を動的計画に基づいて求めるプログラム（94ページ）と同様であるが，報酬が r[s] から r[s][pi[s]] に，calcE() の最初の引数が P[s] から P[(s,pi[s])] に変わっていることに注意する．

44行目は，k-1 回目の反復で得られた v[k-1] の値と k 回目の反復で得られた v[k] の値との差を表すリスト vdiff を定めるものである．

45，46行目は，vdiff のノルムが十分に小さければ反復を終了する処理である．ノルムが十分に小さくなければ47行目で k の値を1大きくして，反復処理を繰り返す．

49–54行目は，計算結果を画面に表示するものである．

51行目では，評価の対象とした方策を表示している．

53行目は，関数 print_dict() を用いて，反復終了時の価値関数の評価値 v[k] を3桁で表示するものである．

54行目は，関数 plot_one_d_value() を用いて，v[0], v[10], v[20], ... の値をプロットしている．プロットした図は，ファイル 1D-PolicyEvaluation.pdf に保存する．

このプログラムの実行結果は次のとおりである．

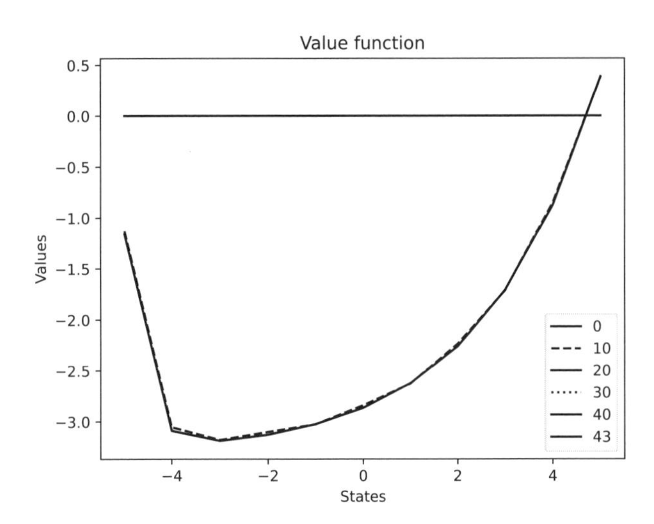

図 5.6 方策評価における各反復での価値関数

```
Loop terminates after  43  iterations
Policy to evaluate
{-5: '→', -4: '→', -3: '→', -2: '→', -1: '→', 0: '→
    ', 1: '→', 2: '→', 3: '→', 4: '→', 5: '←'}
{-5: -1.162, -4: -3.089, -3: -3.187, -2: -3.128, -1:
    -3.024, 0: -2.866, 1: -2.625, 2: -2.261, 3: -1.71, 4:
    -0.876, 5: 0.387}
```

これより，43 回の反復で収束条件が満たされたことがわかる．また，収束するまでの価値関数の評価値の変化をプロットしたものが，図 5.6 である．これから，(終了状態以外の) すべての状態で右に移動する，という方策では，終了状態 5 に近い状態ほど価値関数の値が大きくなることがわかる．また，10 回の反復を終えた時点で，すでに収束値に近い値が得られていることがわかる．

今度は，異なる方策に対して方策評価を実行する．方策は，各状態からとりうる行動のなかから擬似乱数を用いてランダムに設定することにする．これには，33–35 行目を次のもので置き換える．

```
1 random.seed(1);
2 pi = {s:random.choice(move[s]) for s in S};
```

この変更ののちにプログラムを実行した結果は次のとおりである．

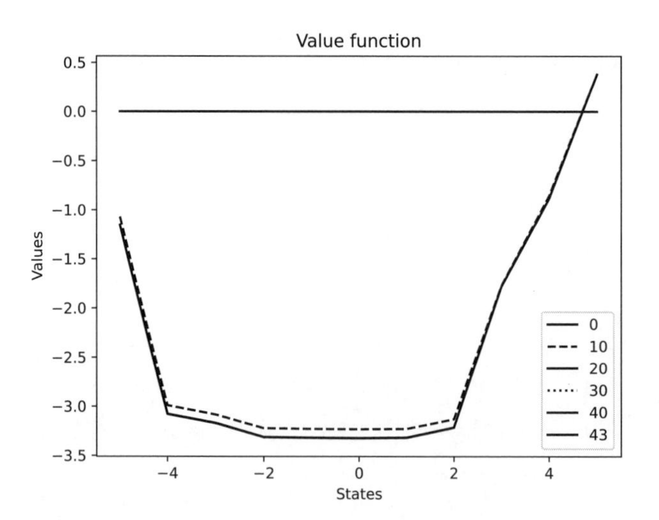

図 **5.7**　方策評価における各反復での価値関数（ランダムな方策）

```
Loop terminates after  43  iterations
Policy to evaluate
{-5: '→', -4: '→', -3: '←', -2: '→', -1: '←', 0: '←
    ', 1: '←', 2: '←', 3: '→', 4: '→', 5: '←'}
Value function
{-5: -1.155, -4: -3.079, -3: -3.172, -2: -3.314, -1:
    -3.32, 0: -3.324, 1: -3.319, 2: -3.216, 3: -1.783, 4:
    -0.885, 5: 0.38}
```

また，収束するまでの価値関数の評価値の変化をプロットしたものが図 5.7 である．pi で表示されている評価対象の方策を見ると，例えば状態 -4 と状態 4 ではともに右に移動となっている．状態 -4 は左隣が終了状態の -5 であるが，右に移動するとこれから遠ざかってしまう．このために -4 の価値は低くなると推察される．一方で，終了状態である 5 が右隣にある状態 4 では，右への移動の価値は高くなっていると推察される．

次に，2 次元のランダム・ウォークについてこの方策評価のアルゴリズムを実行するプログラムを示す．

```
1 def two_d_randomwalk_MDP_env(xint, yint, dyn = "
      stochastic"):
2     S = [(x,y) for x in range(xint[0],xint[1]+1) for y in
          range(yint[0],yint[1]+1)];
```

```
3      step = {'→':(1,0),'←':(-1,0),'↑':(0,1),'↓':(0,-1)};
4      move = two_d_randomwalk_move(S,xint,yint);
5
6      P = {};
7      for s in S:
8          (x,y) = s;
9          nbr = [(x+step[a][0],y+step[a][1]) for a in move[
               s]];
10         for a in move[s]:
11             P[(s,a)] = {sp:0 for sp in S};
12             if dyn == "stochastic":
13                 epsilon = 0.2
14                 P[(s,a)] = {sp:epsilon/len(nbr) for sp in
                       nbr};
15                 P[(s,a)][(x+step[a][0],y+step[a][1])] =
                       1-epsilon+epsilon/len(nbr);
16             elif dyn == "static":
17                 P[(s,a)][(x+step[a][0],y+step[a][1])] =
                       1;
18             else:
19                 print("dyn is invalid.");
20                 sys.exit(1);
21
22     return S, P, move;
23
24 def two_d_wall(S,move):
25     x_max = max([s[0] for s in S]);
26     x_min = min([s[0] for s in S]);
27     y_max = max([s[1] for s in S]);
28     y_min = min([s[1] for s in S]);
29     xleft = x_min+(x_max-x_min)/4;
30     xright = x_max-(x_max-x_min)/4;
31
32     wall = [(x,y) for (x,y) in S if xleft<=x and x<=
           xright and y<=(y_min+y_max)/2 and (y_min+y_max
           )/2-1<=y];
33
34     init_pt = (int((x_min+x_max)/2),int(y_min+(y_max-
           y_min)/4));
35
36     terminal = [(int((x_min+x_max)/2),y_max-2)];
```

```
37
38     r = {};
39     for s in S:
40         if s == init_pt:
41             r[s] = {a:-10 for a in move[s]};
42         elif s in terminal:
43             r[s] = {a:100 for a in move[s]};
44         elif s in wall:
45             r[s] = {a:-100 for a in move[s]};
46         else:
47             r[s] = {a:-1 for a in move[s]};
48
49     return wall, r, init_pt, terminal;
50
51 def print_two_d_policy(pi,init_pt,term_pt,wall):
52     x_max = max([k[0] for k in pi.keys()]);
53     x_min = min([k[0] for k in pi.keys()]);
54     y_max = max([k[1] for k in pi.keys()]);
55     y_min = min([k[1] for k in pi.keys()]);
56
57     for y in reversed(range(y_min,y_max+1)):
58         for x in range(x_min,x_max+1):
59             if (x,y) in wall:
60                 print("WW",end='\t');
61             elif (x,y) == init_pt:
62                 print("S"+pi[(x,y)],end='\t');
63             elif (x,y) in term_pt:
64                 print("GG",end='\t');
65             else:
66                 print(pi[(x,y)],end='\t');
67         print();
68     print();
69
70 def print_two_d_reward(r):
71     x_max = max([k[0] for k in r.keys()]);
72     x_min = min([k[0] for k in r.keys()]);
73     y_max = max([k[1] for k in r.keys()]);
74     y_min = min([k[1] for k in r.keys()]);
75
76     for y in reversed(range(y_min,y_max+1)):
77         for x in range(x_min,x_max+1):
```

```
78                 print(np.mean(list(r[(x,y)].values())),end='\
                        t');
79             print();
80 
81     random.seed(1);
82     x_min, x_max = 0, 8;
83     y_min, y_max = 0, 10;
84     S,P,move = two_d_randomwalk_MDP_env((x_min,x_max),(y_min,
           y_max));
85     wall,r,init_pt,terminal=two_d_wall(S,move);
86     gamma = 0.7;
87     pi = {s:random.choice(move[s]) for s in S};
88     v = {};
89     v[0] = {s:0 for s in S};
90 
91     k = 1;
92     while True:
93         v[k] = {s:r[s][pi[s]]+gamma*calcE(P[(s,pi[s])],v[k
               -1]) for s in S};
94         vdiff = [v[k-1][s]-v[k][s] for s in v[k]];
95         if np.linalg.norm(vdiff)<1e-6:
96             break;
97         k=k+1;
98 
99     print("Loop terminates after ",k," iterations.\n");
100    print("Policy to evaluate");
101    print_two_d_policy(pi,init_pt,terminal,wall);
102    print("Value function");
103    print_two_d_value(v[k]);
104    print("Reward");
105    print_two_d_reward(r);
```

このプログラムでは，4つの関数を定義している．

1つ目は，`two_d_randomwalk_MDP_env()` である．これは，2次元のランダム・ウォークについてのマルコフ決定過程の環境を生成する関数である．

2–4行目まではこれまで述べた処理と同じである．

6–20行目で，推移確率行列を表す辞書 `P` を定める．

9行目では，状態 `s` から推移しうる状態を要素とするリスト `nbr` を定める．

11行目では，状態 `s` からとりうる行動 `move[s]` の各要素 `a` について，`P[(s,a)]` をすべての値が0の辞書として定める．

12–15 行目は，引数 dyn が stochastic の場合に P[(s,a)] を定める処理である．

14 行目では，いったん，nbr のすべての要素 sp について P[(s,a)][sp] の値を epsilon/len(nbr) に設定している．

15 行目では，P[(s,a)][(x+step[a][0],y+step[a][1])] の値を 1-epsilon+epsilon/len(nbr) と設定している．これは，epsilon が小さければ大きな値となるので，他の状態に比べて [(x+step[a][0],y+step[a][1])] に至る確率が大きいことを表す．

16，17 行目は，dyn の値が static の場合に P[(s,a)] を定める処理である．この場合は，確率 1 で状態 (x+step[a][0],y+step[a][1]) に至るように P[(s,a)][(x+step[a][0],y+step[a][1])]=1 とする．それ以外の状態に推移する確率は 0 のままとする．

22 行目は，3 つの値 S, P, move を返すものである．

24–49 行目は，2 次元の格子上の報酬を設定する関数 two_d_wall() を定めるものである．同時に，初期状態 init_pt と終了状態 terminal も定める．この関数は，初期状態を格子空間内の中央の下部に，終了状態を中央の上部に設定する．そして，この初期状態から終了状態に直線的に移動できないように，報酬の値によって“壁”を設定しようとするものである．

先に，この関数の返り値として得られる報酬 r を示す．これは，横軸方向を表す x の値が 0 以上 8 以下の整数，縦軸方向を表す y の値が 0 以上 10 以下の整数をとる格子点 (x, y) からなる格子空間で，各格子点における報酬を示したものである．マルコフ決定過程では，報酬は状態 s と行動 a のペアに対して定められるが，ここの例では状態 s に対するすべての行動 a に対して同じ値を設定しているので，その値を示した．

```
-1      -1      -1      -1      -1      -1      -1      -1      -1
-1      -1      -1      -1      -1      -1      -1      -1      -1
-1      -1      -1      -1      100     -1      -1      -1      -1
-1      -1      -1      -1      -1      -1      -1      -1      -1
-1      -1      -1      -1      -1      -1      -1      -1      -1
-1      -1      -100    -100    -100    -100    -100    -1      -1
-1      -1      -100    -100    -100    -100    -100    -1      -1
-1      -1      -1      -1      -1      -1      -1      -1      -1
-1      -1      -1      -1      -10     -1      -1      -1      -1
-1      -1      -1      -1      -1      -1      -1      -1      -1
-1      -1      -1      -1      -1      -1      -1      -1      -1
```

一番左下の格子点が $(0, 0)$ であり，一番右上の格子点が $(8, 10)$ である．左から 5 列目，下から 3 行目の格子点 $(4, 2)$ での報酬は，-10 としている．この点が，初期状態である．そして，同じく左から 5 列目，上から 3 行目の格子

点 $(4,8)$ での報酬は，100 と，大きな値としている．この点は，終了状態である．そして，初期状態と終了状態の間に，報酬が -100 である格子点が 10 個ある．これが，“壁” を表している．強化学習では，リターンの期待値を最大化する方策を求めたいのであり，リターンは報酬によって定められる．したがって，小さな報酬が設定された状態には至らないような方策が求まることが期待される．そこで，避けたい格子点には，“壁” として小さな報酬を設定している．このような報酬を設定する関数が，`two_d_wall()` である．

25–28 行目は，引数で与えられた状態を表すリスト `S` によって，とりうる x の値の最大値と最小値，とりうる y の値の最大値と最小値を定めるものである．

29 行目は，壁の左端の x の値を表す `xleft` を定めるものである．これは，x の最小値に，x 方向の幅の 1/4 を足した値としている．同様に，30 行目は壁の右端の x の値を表す `xright` を定めるものである．これは，x の最大値から，x 方向の幅の 1/4 を引いた値としている．

32 行目は，壁を表す格子点を要素とするリスト `wall` を定めるものである．このリストの要素は，`S` の要素のうちで，`if` 文の条件を満たすものからなる．

34 行目は，初期状態を表すタプル `init_pt` を定めるものである．この x 座標は x 方向の中央の位置とし，y 座標は y の最小値に y 方向の幅の 1/4 を足したものとする．

36 行目は終了状態を要素とするリスト `terminal` を定めるものである．ここでは，このリストの要素は 1 つであり，その要素の x 座標は x 方向の中央の値とし，y 座標は y の最大値から 2 を引いた値とする．

38–47 行目は，状態 `s` で行動 `a` をとった場合の報酬を `r[s][a]` と表す辞書を定めるものである．いずれの状態 `s` に対しても，すべての `a` の値に対して同じ報酬を設定している．

40，41 行目は，初期状態に対する報酬を -10 とするものである．42，43 行目は，終了状態に対する報酬を 100 とするものである．44，45 行目は，壁をなす格子点に対する報酬を -100 とするものである．46，47 行目は，それら以外の格子点に対する報酬を -1 とするものである．

49 行目は，壁をなす格子点を要素とするリスト `wall`，報酬を表す辞書 `r`，初期状態を表すタプル `init_pt`，終了状態を要素とするリスト `terminal` を返すものである．

51–68 行目は，方策を格子点上に表示するための関数 `print_two_d_policy()` を定めるものである．

52–55 行目は，これまで用いたのと同様の方法で，x のとりうる最大値と最小値，y のとりうる最大値と最小値を求めるものである．

57，58 行目は，`for` 文を用いて格子点を表す `(x,y)` の値を順に設定するものである．57 行目に `reversed` を用いることにより，`y` の値は最初に `y_max` に設定され，そこから 1 ずつ小さくなっていく．

59，60 行目は，壁をなす `(x,y)` の位置に，`WW` と表示するためのものである．この `W` は wall の頭文字である．

61，62 行目は，初期状態である `(x,y)` の位置に，`S` とあわせて方策 `pi[(x,y)]` を表示するためのものである．

63，64 行目は，`(x,y)` が終了状態であった場合，その位置に `GG` と表示するためのものである．この `G` は goal の頭文字である．

70–79 行目は，各格子点での報酬を表示する関数 `print_two_d_reward()` を定めるものである．前に示した報酬の値は，この関数を用いて表示したものである．71–74 行目で x 座標の最大値と最小値，y 座標の最大値と最小値を求めている．76–79 行目で，各格子点での報酬の値を表示する．報酬は状態 `s` と行動 `a` に対して `r[s][a]` と表されるが，ここでは辞書 `r[s]` の値の平均値を表示している．

81 行目では，引数 1 を指定して擬似乱数の種を定めている．

82 行目は，x の最小値と最大値を表す `x_min` と `x_max` をそれぞれ `0` と `8` に設定している．

83 行目は，y の最小値と最大値を表す `y_min` と `y_max` をそれぞれ `0` と `10` に設定している．

84 行目は，関数 `two_d_randomwalk_MDP_env()` によって `S`, `P`, `move` を生成するものである．

85 行目は，壁を表す報酬を定めるための関数 `two_d_wall()` を実行し，壁に含まれる格子点を要素とするリスト `wall`，報酬を表す辞書 `r`，初期状態を表すタプル `init_pt`，終了状態を表すリスト `terminal` を生成している．

87 行目は，評価する方策を定めるものである．ここでは，状態 `s` でとる行動は，`s` からとりうる行動のなかからランダムに選んだものとする．

91–97 行目までが，収束条件が満たされるまで評価値を更新する繰り返し処理である．93 行目は，$v_k^\pi(s)$ を表す `v[k][s]` の値を求めるものである．右辺の `calcE()` の引数には，`P[(s,pi[s])]` を指定していることに注意する．これは，$p(s'|s,\pi(s))$ の値を要素とする辞書である．

94 行目は，$k-1$ 回目の反復での評価値 $v_{k-1}^\pi(s)$ と k 回目の反復での評価

値 $v_k^{\pi}(s)$ との差を要素とするリスト vdiff を求めるものである．このリストは，ベクトル $v_{k-1}^{\pi}(\boldsymbol{s}) - v_k^{\pi}(\boldsymbol{s})$ に対応する．

95 行目は，収束条件 $\|v_{k-1}^{\pi}(\boldsymbol{s}) - v_k^{\pi}(\boldsymbol{s})\| < \epsilon$ が成り立っているかどうかを判定するものである．ここで，ϵ の値は 10^{-6} としている．vdiff のノルムを求めるのに，np.linalg.norm() を用いている．

このプログラムを実行した結果は次のとおりである．

```
Loop terminates after  53  iterations.

Policy to evaluate
→       ←       ←       →       ↓       ↓       ↓       ↓       ←
↑       →       ↓       →       ↓       ↓       ↑       ↑       ↓
↓       ←       ←       ↓       GG      →       →       ↓       ↑
↑       ↑       →       →       ↑       ↑       ↓       ←       ←
↑       ↓       ↓       ↑       ↑       ↑       →       ←       ↓
↑       →       WW      WW      WW      WW      WW      →       ↓
→       ↓       WW      WW      WW      WW      WW      ←       ↓
↑       ↓       →       ←       ↑       ↓       ↓       ←       ↓
→       →       →       ↑       S→      ←       ←       ←       ↑
↓       ↓       →       ←       ↑       ↓       →       ↓       ↑
→       →       →       ↑       ↑       →       ↑       ↑       ↑

Value function
-3.06   -2.93   -0.859  40.11   63.01   3.951   -2.671  -3.419  -3.415
-3.055  -0.7265 1.006   62.76   102.1   3.52    -2.795  -3.519  -3.722
-3.535  -3.294  -0.2277 44.55   165.7   1.522   -5.876  -7.343  -3.953
-3.689  -4.51   32.51   63.13   101.7   2.742   -13.21  -9.875  -7.554
-7.172  -73.12  -111    26.51   51.44   -7.467  -19.75  -14.18  -8.119
-11.17  -114    -184.1  -227.6  -249.4  -263.1  -273.9  -22.89  -10.06
-10.7   -14.49  -126    -190.4  -189.3  -138    -274.3  -166.1  -12.55
-8.19   -7.932  -20.84  -24.74  -116.2  -21.11  -19.56  -18.98  -5.494
-7.076  -9.091  -12.48  -17.24  -25.8   -17.7   -12.69  -9.523  -4.982
-3.836  -4.033  -4.871  -5.274  -17.12  -4.786  -4.016  -3.818  -4.388
-3.82   -4.05   -4.424  -4.957  -11.81  -4.079  -3.799  -3.681  -4.022

Reward
-1.0    -1.0    -1.0    -1.0    -1.0    -1.0    -1.0    -1.0    -1.0
-1.0    -1.0    -1.0    -1.0    -1.0    -1.0    -1.0    -1.0    -1.0
-1.0    -1.0    -1.0    -1.0    100.0   -1.0    -1.0    -1.0    -1.0
-1.0    -1.0    -1.0    -1.0    -1.0    -1.0    -1.0    -1.0    -1.0
-1.0    -1.0    -1.0    -1.0    -1.0    -1.0    -1.0    -1.0    -1.0
-1.0    -1.0    -100.0  -100.0  -100.0  -100.0  -100.0  -1.0    -1.0
-1.0    -1.0    -100.0  -100.0  -100.0  -100.0  -100.0  -1.0    -1.0
-1.0    -1.0    -1.0    -1.0    -1.0    -1.0    -1.0    -1.0    -1.0
-1.0    -1.0    -1.0    -1.0    -10.0   -1.0    -1.0    -1.0    -1.0
-1.0    -1.0    -1.0    -1.0    -1.0    -1.0    -1.0    -1.0    -1.0
-1.0    -1.0    -1.0    -1.0    -1.0    -1.0    -1.0    -1.0    -1.0
```

これより，53 回の反復処理により，収束条件が満たされたことがわかる．

Policy to evaluate の次の行から示した格子点上の矢印は，各状態での方策を表す．例えば，(2, 2) には' →' が表示されているが，これは状態 (2, 2) では右に移動という行動をとる，という方策であることを表している．

5.5　方策改善

方策評価は，ある方策 π が与えられたときに，それを評価するためのものであった．では，この方策 π の価値がわかったとして，それは他の方策に比べて良いものなのだろうか．そして，π よりも “良い” 方策を求めることができるだろうか．例えば，1 次元の報酬つきランダム・ウォークに対するマルコフ決定過程について

$$\pi(s) = \begin{cases} \text{右に移動} & (s\text{ が偶数の場合}) \\ \text{左に移動} & (s\text{ が奇数の場合}) \end{cases}$$

という方策が与えられたとする．これは，他の方策と比べて良い方策なのだろうか．そして，これよりも良い方策を求めることはできるのだろうか．

方策 π_k に対する価値関数が，方策評価により $v^{\pi_k}(s)$ であることがわかったとする．このとき，次の式によってこの方策 π_k の**行動価値関数** $q^{\pi_k}(s,a)$ が定められる．

$$q^{\pi_k}(s,a) = r(s,a) + \gamma \sum_{s' \in \mathcal{S}} p(s'|s,a) v^{\pi_k}(s')$$

この $q^{\pi_k}(s,a)$ は，状態 s で行動 a をとった後，方策 π_k に従ったときの (s,a) の価値を表す．

こうして，方策 π_k に対する行動価値関数 $q^{\pi_k}(s,a)$ が定まったら，次はこの価値関数によって，状態 s でとる行動，すなわち確定的方策を，次のように定める：

$$\pi_{k+1}(s) = \operatorname*{argmax}_a q^{\pi_k}(s,a) \quad (\forall s \in \mathcal{S})$$

つまり，$\pi_{k+1}(s)$ は，状態 s からとりうる行動のなかで，行動価値関数 $q^{\pi}(s,a)$ を最大にする行動 a として定められる．こうして得られた方策 π_{k+1} に対して方策評価を実行することで，価値関数 $v^{\pi_{k+1}}(s)$ が得られる．

さて，ここに現れた関数 $v^{\pi_k}(s)$, $q^{\pi_k}(s,a)$, $v^{\pi_{k+1}}(s)$ と方策 $\pi_k(s)$, $\pi_{k+1}(s)$ などを，それらが定まった順に矢印で示すと，次のようになる．

$$\cdots \to \pi_k(s) \to v^{\pi_k}(s) \to q^{\pi_k}(s,a) \to \pi_{k+1}(s) \to v^{\pi_{k+1}}(s) \to q^{\pi_{k+1}}(s,a) \to \cdots$$

このように，ある方策 π_k があれば，上記の手順によってもう 1 つの方策 π_{k+1}

を得ることができる．そして，このように方策を定めることで，価値関数 $v^{\pi_k}(s)$ と $v^{\pi_{k+1}}(s)$ との間には，次の関係が成り立つ．

$$v^{\pi_k}(s) < v^{\pi_{k+1}}(s) \quad (\forall s \in \mathcal{S})$$

この関係が成り立つとき，方策 π_{k+1} は方策 π_k より“良い”という．

定義 11 (より良い方策)**.** $v^{\pi_1}(s) < v^{\pi_2}(s)$ が成り立つとき，π_2 のほうが π_1 よりも**良い方策**であるという．

つまり，方策 π_{k+1} は π_k から改善されている．こうして反復的に次々とより良い方策を得る手順を，**方策改善**という．

さて，方策には様々なものがありうるが，最も良い方策に対する価値関数を，**最適価値関数**と呼び，$v^*(s)$ と表す：

$$v^*(s) = \max_{\pi} v^{\pi}(s)$$

そして，$v^*(s)$ を実現する方策のことを，**最適方策**と呼び，π^* と表す：

$$\pi^*(s) = \underset{\pi}{\operatorname{argmax}}\, v^{\pi}(s)$$

この右辺の $\underset{\pi}{\operatorname{argmax}}$ は，あらゆる方策 π のなかで，$v^{\pi}(s)$ の最大値を実現する方策のことを表す．

最適方策 $\pi^*(s)$ は，最適な行動価値関数 $q^*(s,a)$ を用いて次のように表すこともできる：

$$\pi^*(s) = \underset{a \in \mathcal{A}}{\operatorname{argmax}}\, q^*(s,a)$$

これは確定的方策である．ここでは詳細を述べないが，最適方策として確定的方策のみを考えれば十分であることがわかっている．

5.6 方策反復

多数の方策のなかで，最も良い方策を求めるための方法の 1 つは，すべての方策を書き出して，そのなかで最も良いものを選ぶ方法である．しかし，一般的には，方策の数はとても多いか，またはそもそもすべて書き出すことはできない．したがって，この方法を実行することは難しい．そこで他の方法を用いる必要がある．それらの方法のうちの 1 つが，**方策反復**である．

方策反復では，初期の方策 π_0 から始めて，反復的により良い方策を求める．いま，$k-1$ 回目までの反復で得られた方策を π_{k-1} とする．この方策に対する価値関数 $v^{\pi_{k-1}}$ を，方策評価によって求める．すると，この関数 $v^{\pi_{k-1}}$ から，行動価値関数 $q^{\pi_{k-1}}$ を求めることができる．さらに，こうして求めた $q^{\pi_{k-1}}$ から，

$$\pi_k(s) = \operatorname*{argmax}_a q^{\pi_{k-1}}(s,a)$$

によって新たな方策 $\pi_k(s)$ が得られる．こうして得た π_k は，π_{k-1} よりも良いものになっている．この処理を繰り返すことで，最適な方策を求めたい．このための反復的なアルゴリズムが，方策反復のアルゴリズムである．

方策反復のアルゴリズムを，Algorithm 3 に示す．

Algorithm 3 マルコフ決定過程に対する方策反復アルゴリズム

1: **Step 0.** （初期化）
2: すべての状態 $s \in \mathcal{S}$ について，$\pi_0(s) = 0$ とする．また，反復回数を表す整数 k を $k = 1$ とする．
3: **Step 1.**
4: （方策評価）
5: 方策 π_{k-1} に対する価値関数 $v^{\pi_{k-1}}$ を方策評価により求める．
6: （方策改善）
7: 価値関数 $v^{\pi_{k-1}}$ を用いて，行動価値関数 $q^{\pi_{k-1}}$ を求める

$$q^{\pi_{k-1}}(s,a) = r(s,a) + \gamma \sum_{s' \in \mathcal{S}} p(s'|s,a) v^{\pi_{k-1}}(s')$$

8: $q^{\pi_{k-1}}(s,a)$ を用いて，方策 $\pi_k(s)$ を次の式で定める．

$$\pi_k(s) = \operatorname*{argmax}_a q^{\pi_{k-1}}(s,a)$$

9: 収束条件 $\|\pi_{k-1}(\boldsymbol{s}) - \pi_k(\boldsymbol{s})\| < \epsilon$ が成り立てば反復を終了する．そうでなければ $k = k+1$ として **Step 1** の最初に戻る．

Algorithm 3 では，**Step 0** で各状態の方策 $\pi_0(s)$ を 0 としている．ここでは行動が整数 0 として表されると仮定しているが，そうでない場合も何らかの行動としておけばよい．例えば，1 次元のランダム・ウォークではすべての状態に対して“左に移動”としておけばよい．次に，$\pi_0(s)$ に対する価値関数 v^{π_0} を方策評価（Algorithm 2）により求める．こうして得た価値関数 v^{π_0} を用いて，π_0 より良い方策 π_1 を求める．これを繰り返すことで，$\pi_0 \to \pi_1 \to \pi_2 \to \cdots$ と反復的に方策を改善する．そして，この改善を実行しても方策が変化しなくなったとき，すなわち $\|\pi_{k-1}(\boldsymbol{s}) - \pi_k(\boldsymbol{s})\|$ が十分に小さくなったとき，反

復を終了する.

この方策反復アルゴリズム Algorithm 3 を，1 次元のランダム・ウォークに対して実行するプログラムは，次のとおりである.

```
1  def polyeval(S,r,pi,gamma,P):
2      v = {0:{s:0 for s in S}};
3      k = 1;
4      while True:
5          v[k] = {s:r[s][pi[s]]+gamma*calcE(P[(s,pi[s])],v[
               k-1]) for s in S};
6          vdiff = [v[k-1][s]-v[k][s] for s in v[k]];
7          if np.linalg.norm(vdiff)<1e-6:
8              return v[k];
9          k = k+1;
10
11 def polyimprov(S,r,gamma,P,v,A):
12     q = {s:{} for s in S};
13     for s in S:
14         q[s] = {a:r[s][a]+gamma*calcE(P[(s,a)],v) for a
               in A[s]};
15     return {s:max(q[s],key=q[s].get) for s in S};
16
17 random.seed(1);
18 x_min, x_max = -5,5;
19 terminal = [x_min,x_max];
20 S,P,move,r = one_d_randomwalk_MDP_env(x_min,x_max);
21 pi[0] = {s:random.choice(move[s]) for s in S};
22 gamma = 0.7;
23 v={};
24
25 k = 1;
26 while True:
27     v[k-1] = polyeval(S,r,pi[k-1],gamma,P);
28     pi[k] = polyimprov(S,r,gamma,P,v[k-1],move)
29     if pi[k] == pi[k-1]:
30         break;
31     k=k+1;
32
33 print("Loop terminates after ",k," iterations.\n");
34 print("Initial policy");
35 print(pi[0]);
```

```
36 print("Last policy");
37 print(pi[k]);
38 print("Value function");
39 print_dict(v[k-1],3);
40 plot_one_d_value(v,5,"1D-PolicyIteration.pdf");
```

このプログラムでは，方策評価を実行する関数 `polyeval()` と方策改善を実行プログラム `polyimprov()` を定めている．

1–9 行目が `polyeval()` を定める部分である．この関数の引数 `S` は，状態を表すリスト，引数 `r` は報酬を表す辞書，`pi` は評価対象の方策を表す辞書，`gamma` は割引率を表す数，`P` は推移確率行列を表す辞書である．

この関数の処理内容は，方策評価のプログラムで用いたものと同じであるが，収束条件が成り立ったときの処理だけが異なる．方策評価のアルゴリズムでは，収束条件が成り立った際には `while` 文の反復を終了するために `break` を実行していたが，この関数では `return v[k]` を実行している．すなわち，方策評価の結果として得られた評価値を関数の返り値として返している．

11–15 行目が `polyimprov()` を定める部分である．12 行目は，$q^{\pi}(s,a)$ を `q[s][a]` と表すための辞書 `q` を初期化している．この時点では，すべての状態 `s` に対して `q[s]` は空の辞書としている．

13，14 行目は，$q^{\pi}(s,a)$ を表す `q[s][a]` の値を求めるものである．右辺の内包表記で現れる `A[s]` は，状態 `s` からとりうる行動を要素とするリストであり，ランダム・ウォークのプログラムでは `move[s]` で表しているものである．

17 行目では，引数を 1 として擬似乱数の種を設定している．

18 行目は，x の最小値を表す `x_min` との最大値を表す `x_max` をそれぞれ -5 と 5 と定めるものである．

19 行目は，終了状態を表す `terminal` を `x_min` と `x_max` を要素とするリストとして定めている．

20 行目は，関数 `one_d_randomwalk_MDP_env()` によって `S`，`P`，`move` を定めるものである．

21 行目は，最初の反復での方策 `pi[0]` を，ランダムに設定するものである．すなわち，$\pi_0(s)$ を，状態 s でとりうる行動のなかからランダムに選んで定める．

22 行目では，割引率 γ を表す `gamma` を 0.7 に設定している．

23 行目は，`k` 回目での反復での評価値を `v[k]` と表すための辞書 `v` を，空の辞書として定めるものである．

25–31 行目が方策反復を実行するものである．

27 行目は，pi[k-1] で表される方策 π_{k-1} の価値関数 $v^{\pi_{k-1}}$ を求めるものである．$v^{\pi_{k-1}}$ は v[k-1] で表される．

28 行目は，価値関数 v[k-1] に基づいて方策 π_k を求めるものである．関数の返り値 pi[k] が，方策 π_k に対応する．

29 行目は，方策反復の収束条件を判定するものである．この行の pi[k]==pi[k-1] は，pi[k] の要素と pi[k-1] の要素が一致する場合に真となり，そうでない場合に偽となる．アルゴリズムでは，$\|\pi_{k-1}(\mathbf{s}) - \pi_k(\mathbf{s})\| < \epsilon$ とノルムで評価しているが，ここで扱っているランダム・ウォークでは，方策は上下左右への移動で表されるので，要素が一致するか否かによって収束条件を判定している．

33–40 行目は，方策反復の結果を表示するものである．35 行目は，初期方策 π_0 を表示するもので，37 行目は方策反復の結果得られた方策を表示するものである．39 行目は，方策 pi[k] を求める際に用いた価値関数 v[k-1] の値を 3 桁で表示するものである．

40 行目は，v[0]，v[5]，v[10]．．．．の値をプロットし，その結果をファイルに保存するものである．図を保存するファイル名は，1D-PolicyIteration.pdf としている．

このプログラムを実行した結果は，次のとおりである．

```
Loop terminates after  5  iterations.

Initial policy
{-5: '→', -4: '→', -3: '←', -2: '→', -1: '←', 0: '←
   ', 1: '←', 2: '←', 3: '→', 4: '→', 5: '←'}
Last policy
{-5: '→', -4: '←', -3: '←', -2: '←', -1: '←', 0: '→
   ', 1: '→', 2: '→', 3: '→', 4: '→', 5: '←'}
Value function
{-5: 0.588, -4: -0.588, -3: -1.412, -2: -1.988, -1:
   -2.392, 0: -2.674, 1: -2.392, 2: -1.988, 3: -1.412, 4:
    -0.588, 5: 0.588}
```

この結果から，5 回の反復で収束条件が満たされたことがわかる．Initial policy で表される初期方策 π_0 では，'←' と '→' がランダムに現れている．それに対して，Last policy で表される収束後の方策では，$-4, -3, -2, -1$ では '←'，1, 2, 3, 4 では '→' となっている．終了状態は -5 と 5 であるので，

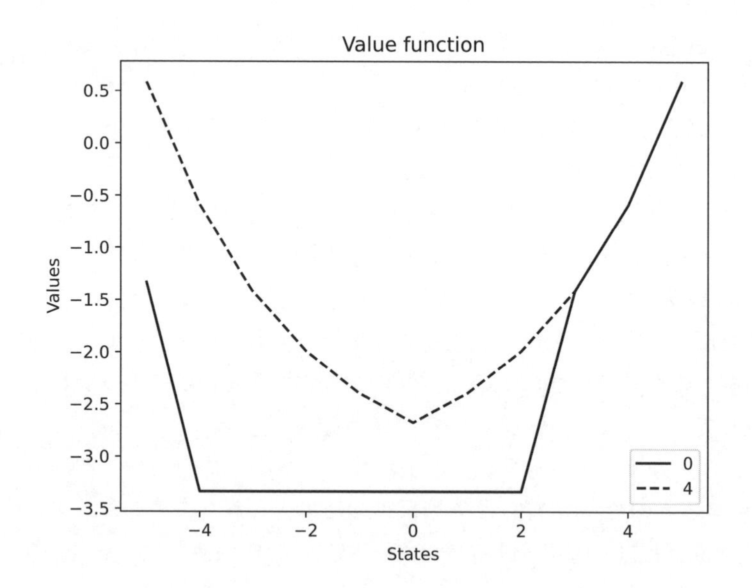

図 5.8　1次元ランダム・ウォークに対する方策反復での評価値

これは，5のほうが近い状態では'→'，−5のほうが近い状態では'←'となっていることがわかる．

各反復での価値関数の値をプロットした図を図5.8に示す．

続いて，2次元のランダム・ウォークに対して方策反復を実行するプログラムを示す．

```
1  random.seed(1);
2  x_min, x_max = 0,8;
3  y_min, y_max = 0,10;
4  S,P,move = two_d_randomwalk_MDP_env((x_min,x_max),(y_min,
       y_max));
5  wall,r,init_pt,terminal = two_d_wall(S,move);
6  gamma = 0.7;
7  pi = {};
8  pi[0] = {s:random.choice(move[s]) for s in S};
9  v = {};
10
11 k = 1;
12 while True:
13     v[k-1] = polyeval(S,r,pi[k-1],gamma,P);
14     pi[k] = polyimprov(S,r,gamma,P,v[k-1],move);
```

```
15      if pi[k] == pi[k-1]:
16          break;
17      k = k+1;
18
19  print("Loop terminates after ",k," iterations.\n");
20  print("Value function after convergence:");
21  print_two_d_value(v[k-1]);
22  print_two_d_policy(pi[k],init_pt,terminal,wall);
```

2–5 行目で，2 次元のランダム・ウォークについての環境を生成している処理と，21，22 行目で 2 次元用の関数を用いている処理以外は，1 次元の場合と同じである．

このプログラムの実行結果は，次のとおりである．

```
Loop terminates after  11  iterations.

Value function after convergence:
19.97   29.95   44.22   64.59   93.71   64.59   44.22   29.95   19.97
29.95   44.22   64.59   93.71   135.3   93.71   64.59   44.22   29.95
44.22   64.59   93.71   135.3   194.7   135.3   93.71   64.59   44.22
29.95   44.22   64.59   93.71   135.3   93.71   64.59   44.22   29.95
19.97   29.95   44.22   64.59   93.71   64.59   44.22   29.95   19.97
12.98   19.97   -69.05  -54.78  -34.41  -54.78  -69.05  19.97   12.98
8.083   12.98   -90.92  -98.42  -99.59  -98.42  -90.92  12.98   8.083
4.658   8.083   4.658   2.261   0.5825  2.261   4.658   8.083   4.658
2.261   4.658   2.261   0.5825  -9.592  0.5825  2.261   4.658   2.261
0.5825  2.261   0.5825  -0.5922 -1.415  -0.5922 0.5825  2.261   0.5825
-0.5922 0.5825  -0.5922 -1.415  -1.99   -1.415  -0.5922 0.5825  -0.5922

→       →       →       →       ↓       ←       ←       ←       ←
→       →       →       →       ↓       ←       ←       ←       ←
→       →       →       →       GG      ←       ←       ←       ←
→       →       →       →       ↑       ←       ←       ←       ←
→       →       →       →       ↑       ←       ←       ←       ←
→       ↑       WW      WW      WW      WW      WW      ↑       ←
→       ↑       WW      WW      WW      WW      WW      ↑       ←
→       ↑       ←       ←       →       →       →       ↑       ←
→       ↑       ←       ←       S→      →       →       ↑       ←
→       ↑       ←       ←       →       →       →       ↑       ←
→       ↑       ←       ←       →       →       →       ↑       ←
```

この結果から，11 回の反復で収束条件が満たされたことがわかる．後半の方策の表示を見ると，初期状態を示す S からは，WW で示された壁の格子点には向かわず，壁を避けながら，GG で示された終了状態に向かう方策が得られていることがわかる．

5.7 価値反復

マルコフ決定過程において，価値関数 $v(s)$ は次の関係式を満たす：

$$v(s) = \max_a \left[r(s,a) + \gamma \sum_{s' \in \mathcal{S}} p(s'|s,a)v(s') \right] \tag{5.8}$$

これを，**ベルマン方程式**という．ここで，右辺に $\max_a$ を用いていることに注意する．これは，$v(s)$ が，右辺の括弧内の値を最大にする行動 a をとるような方策 π によって定まることを示している．

このベルマン方程式を満たす価値関数 $v(s)$ の値を，反復的な方法で求めたい．

この式の右辺では，評価値 $v(s')$ を用いて

$$r(s,a) + \gamma \sum_{s' \in \mathcal{S}} p(s'|s,a)v(s')$$

の最大値を求めているが，この最大値を実現する行動 a が，評価値 $v(s')$ のもとで，状態 s でとる最適な行動ということになる．

いま，何らかの方法で，$v(s)$ の評価値が得られているとする．この評価値自体は本当の価値関数の値とは異なっているかもしれない．そこで，この評価値を反復的に更新することで，ベルマン方程式 (5.8) を満たすようにしたい．

そこで，方策評価のときと同様に，関係式 (5.8) を更新式として用いることにする：

$$v(s) \leftarrow \max_a \left[r(s,a) + \gamma \sum_{s' \in \mathcal{S}} p(s'|s,a)v(s') \right]$$

この更新式を用いて価値関数の評価値を求めるアルゴリズムを，Algorithm 4 に示した．

Algorithm 4 価値反復のアルゴリズム

1: **Step 0.** （初期化）
2: すべての状態 $s \in \mathcal{S}$ について，$v(s) = 0$ とする．
3: **Step 1.**
4: $\Delta = 0$ とする．
5: すべての状態 $s \in \mathcal{S}$ について，次の計算を行う．

$$\tilde{v} \leftarrow v(s)$$
$$v(s) \leftarrow \max_a \left[r(s,a) + \gamma \sum_{s' \in \mathcal{S}} p(s'|s,a)v(s') \right]$$
$$\Delta \leftarrow \max(\Delta, \|\tilde{v} - v(s)\|)$$

6: $\Delta < \epsilon$ であれば終了する．そうでなければ，**Step 1** の最初に戻る．

方策評価のアルゴリズム Algorithm 2 との最も大きな違いは，**Step 1** の更新式である．Algorithm 2 での更新式は

$$v_k^\pi(s) \leftarrow r(s, \pi(s)) + \gamma \sum_{s' \in \mathcal{S}} p\left(s' | s, \pi(s)\right) v_{k-1}^\pi(s')$$

であった．方策評価は，与えられた方策 π を評価するものなので，状態 s での行動はアルゴリズム全体を通して $\pi(s)$ であり，変わることはない．この変わらない $\pi(s)$ に基づいて評価値 $v_k^\pi(s)$ が定められる．これに対して価値反復のアルゴリズムでは，各反復での評価値 $v(s)$ を求める際に，右辺で $\max_a$ を実行している．これは，その時点での評価値 $v(s')$ に従って，状態 s でとる行動 a を決めている，ということになる．$v(s')$ は各反復で更新されるものであることとあわせて考えると，状態 s でとる行動 a が，反復の途中で変化する可能性があるということである．このような学習を，**オンポリシー学習**という．

この更新を繰り返して，価値関数の評価値が収束したとする．すなわち，更新式を用いて $v(\boldsymbol{s})$ を更新しても，更新前後で値が変わらなくなったとする．このときの評価値を $v^t(\boldsymbol{s})$ とすると，この $v^t(\boldsymbol{s})$ がベルマン方程式を満たす価値関数の値となる．

また，この $v^t(\boldsymbol{s})$ から最適な方策 $\pi(s)$ を求めることができる:

$$\pi(s) = \operatorname*{argmax}_a \left[r(s, a) + \gamma \sum_{s' \in \mathcal{S}} p(s'|s, a) v^t(s') \right]$$

このように，オンポリシー学習により反復的に価値関数 $v(s)$ の評価値を改善する方法を，**価値反復** (value iteration) という．

この価値反復のアルゴリズムを，1 次元のランダム・ウォークに対して実行するプログラムは，次のとおりである．

```
1  import copy
2
3  def optimal_policy(S,r,gamma,P,v,A):
4      pi = {};
5      for s in S:
6          q = {a:r[s][a]+gamma*calcE(P[(s,a)],v) for a in A
               [s]};
7          pi[s] = max(q,key=q.get);
8
9      return pi;
10
```

```
11  x_min, x_max, x_init = -5, 5, 0;
12  terminal = [x_min, x_max];
13  S, P, move, r = one_d_randomwalk_MDP_env(x_min,x_max);
14  gamma = 0.7;
15  v = {s:0 for s in S};
16  tv = {};
17  tv[0] = copy.deepcopy(v);
18  
19  k = 1;
20  while True:
21      delta = 0;
22      for s in S:
23          vtilde = v[s];
24          rv = {a:r[s][a]+gamma*calcE(P[(s,a)],v) for a in
                move[s]};
25          v[s] = max(rv.values());
26          delta = max(delta,abs(vtilde-v[s]));
27      tv[k] = copy.deepcopy(v);
28      if delta < 1e-6:
29          break;
30      k=k+1;
31  
32  print("Loop terminates after ",k," iterations.\n");
33  print("Value function after convergence");
34  print_dict(v,3);
35  plot_one_d_value(tv,10);
36  opt_pi = optimal_policy(S,r,gamma,P,v,move);
37  print()
38  print("Optimal policy");
39  print(opt_pi);
```

3–9 行目は，関数 optimal_policy() を定めるものである．これは，価値関数の値 v に関しての最適な方策を求めるものである．

4 行目は，方策 $\pi(s)$ を pi[s] と表す辞書 pi を，空の辞書として初期化するものである．

6 行目は，

$$r(s,a) + \sum_{s' \in \mathcal{S}} p(s'|s,a)v(s')$$

の値を q[a] として計算するものである．この q[a] を最大にする行動 a が，状

態 s でとる行動となる．7 行目の `max(q,key=q.get)` でその `a` を求め，`pi[s]` の値として設定している．

11 行目からが，価値反復を実行する部分である．11–15 行目までの処理は，これまでと同様である．

16 行目では，更新ごとの `v` の値を保管するための辞書 `tv` を，空の辞書として初期化している．

17 行目では，この時点での `v` の値をコピーし，`tv[0]` としている．

19–30 行目が，価値反復の反復計算を実行する部分である．

21 行目では，Δ に対応する `delta` を 0 で初期化している．

22–25 行目は，各状態 `s` に対して `v[s]` の値を更新するものである．

24 行目は，`s` からとりうる各行動 `a` について，`rv[a]` の値を設定するものである．この値は，

$$r(s,a) + \gamma \sum_{s' \in \mathcal{S}} p(s'|s,a)v(s')$$

に対応するものである．

25 行目は，`rv` の値の最大値を `v[s]` に設定するものである．ここで，`v[s]` の値を更新しているが，更新前の値は，23 行目で `vtilde` として保存してある．

26 行目は，`vtilde` と `v[s]` の差によって `delta` の値を更新するものである．24，25 行目で `v[s]` を更新することで `v[s]` の値が異なる値に更新された場合，`abs(vtilde-v[s])` は正の値となる．ここで，`delta` が 0 であるとすると，26 行目の右辺は，正の値 `abs(vtilde-v[s])` になる．そして，この値が新たな `delta` の値となる．一方で，`v[s]` の値が更新の前後で変わらなければ，`vtilde-v[s]` の値は 0 となる．したがって，もし `delta` が 0 であれば 26 行目の処理を実行後も `delta` の値は 0 のままである．このことから，すべての状態 `s` に対して `v[s]` の値が変わらなければ，22–26 行目の `for` 文の実行後でも `delta` の値は 0 のままであることがわかる．

27 行目は，この反復で得られた価値関数の評価値 `v` を，`tv[k]` として保存するためのものである．

28 行目は，収束条件を判定している．前に述べたように，`delta` の値が 0 に十分に近ければ，価値関数の値はすべての状態に対して変化しなかったことがわかる．したがって，`delta < 1e-6` が真であれば，反復を終了する．

32–39 行目は，価値反復で得られた結果を画面に表示するものである．

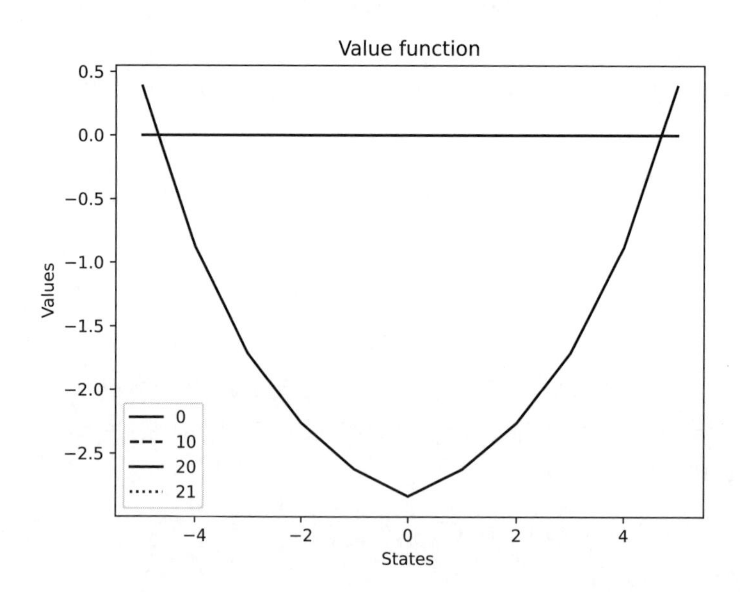

図 5.9　1 次元ランダム・ウォークに対する価値反復での評価値

このプログラムを実行した結果は，次のとおりである．

```
Loop terminates after  21  iterations.

Value function after convergence
{-5: 0.387, -4: -0.876, -3: -1.71, -2: -2.261, -1:
    -2.623, 0: -2.836, 1: -2.623, 2: -2.261, 3: -1.71, 4:
    -0.876, 5: 0.387}
Optimal policy
{-5: '→', -4: '←', -3: '←', -2: '←', -1: '←', 0: '←
    ', 1: '→', 2: '→', 3: '→', 4: '→', 5: '←'}
```

これより，21 回の反復計算により収束条件が満たされたことがわかる．また，`Optimal policy` として表示されている収束時点での方策を見ると，s の値が正のときは右への移動，負のときは左への移動が最適な方策として得られたことがわかる．

各反復での評価値をプロットした図を，図 5.9 に示す．この図より，収束まで 21 回の反復計算が行われているが，最初の 10 回の反復で十分に良い評価値がすでに得られていることがわかる．

同じアルゴリズムを，2 次元のランダム・ウォークに対して実行するプログラムは，次のとおりである．

```
1  x_min, x_max = 0, 8;
2  y_min, y_max = 0,10;
3  S, P, move = two_d_randomwalk_MDP_env((x_min,x_max),(
       y_min,y_max),dyn="static");
4  wall, r, init_pt, terminal = two_d_wall(S,move);
5  v = {s:0 for s in S};
6  tv = {};
7  tv[0] = copy.deepcopy(v);
8  gamma = 0.7;
9
10 k = 1;
11 while True:
12     delta = 0;
13     for s in S:
14         vtilde = v[s];
15         rv = {a:r[s][a]+gamma*calcE(P[(s,a)],v) for a in
               move[s]};
16         v[s] = max(rv.values());
17         delta = max(delta,abs(vtilde-v[s]));
18     tv[k] = copy.deepcopy(v);
19     if delta < 1e-6:
20         break;
21     k=k+1;
22
23 print("Loop terminates after ",k," iterations.\n");
24 print("Value function after convergence\n");
25 print_two_d_value(tv[k]);
26 print("Reward");
27 print_two_d_reward(r);
28 opt_pi = optimal_policy(S,r,gamma,P,v,move);
29 print("\nOptimal policy");
30 print_two_d_policy(opt_pi,init_pt,terminal,wall);
```

1–4 行目で 2 次元の環境を生成する部分と，23–30 行目で結果を表示する部分以外は，1 次元の場合と同じ処理である．

3 行目の `two_d_randomwalk_MDP_env()` では，引数で `dyn="static"`を指定している．これにより，確定的方策を表す推移確率を定めている．2 次元の場合は，1 次元の場合と比べて各状態を訪問する回数が少なくなる．そこで，各行動の価値を確実に定められるように確定的方策を用いることとした．

このプログラムを実行した結果は，次のとおりである.

```
Loop terminates after  33  iterations.

Value function after convergence

19.97   29.95   44.22   64.59   93.71   64.59   44.22   29.95   19.97
29.95   44.22   64.59   93.71   135.3   93.71   64.59   44.22   29.95
44.22   64.59   93.71   135.3   194.7   135.3   93.71   64.59   44.22
29.95   44.22   64.59   93.71   135.3   93.71   64.59   44.22   29.95
19.97   29.95   44.22   64.59   93.71   64.59   44.22   29.95   19.97
12.98   19.97   -69.05  -54.78  -34.41  -54.78  -69.05  19.97   12.98
8.083   12.98   -90.92  -98.42  -99.59  -98.42  -90.92  12.98   8.083
4.658   8.083   4.658   2.261   0.5825  2.261   4.658   8.083   4.658
2.261   4.658   2.261   0.5825  -9.592  0.5825  2.261   4.658   2.261
0.5825  2.261   0.5825  -0.5922 -1.415  -0.5922 0.5825  2.261   0.5825
-0.5922 0.5825  -0.5922 -1.415  -1.99   -1.415  -0.5922 0.5825  -0.5922

Reward
-1.0    -1.0    -1.0    -1.0    -1.0    -1.0    -1.0    -1.0    -1.0
-1.0    -1.0    -1.0    -1.0    -1.0    -1.0    -1.0    -1.0    -1.0
-1.0    -1.0    -1.0    -1.0    100.0   -1.0    -1.0    -1.0    -1.0
-1.0    -1.0    -1.0    -1.0    -1.0    -1.0    -1.0    -1.0    -1.0
-1.0    -1.0    -1.0    -1.0    -1.0    -1.0    -1.0    -1.0    -1.0
-1.0    -1.0    -100.0  -100.0  -100.0  -100.0  -100.0  -1.0    -1.0
-1.0    -1.0    -100.0  -100.0  -100.0  -100.0  -100.0  -1.0    -1.0
-1.0    -1.0    -1.0    -1.0    -1.0    -1.0    -1.0    -1.0    -1.0
-1.0    -1.0    -1.0    -1.0    -10.0   -1.0    -1.0    -1.0    -1.0
-1.0    -1.0    -1.0    -1.0    -1.0    -1.0    -1.0    -1.0    -1.0
-1.0    -1.0    -1.0    -1.0    -1.0    -1.0    -1.0    -1.0    -1.0

Optimal policy
→       →       →       →       ↓       ←       ←       ←       ←
→       →       →       →       ↓       ←       ←       ←       ←
→       →       →       →       GG      ←       ←       ←       ←
→       →       →       →       ↑       ↑       ↑       ↑       ↑
→       →       →       →       ↑       ↑       ↑       ↑       ↑
→       ↑       WW      WW      WW      WW      WW      ↑       ↑
→       ↑       WW      WW      WW      WW      WW      ↑       ↑
→       ↑       ←       ←       →       →       →       ↑       ↑
→       ↑       ↑       ↑       S→      →       →       ↑       ↑
→       ↑       ↑       ↑       →       →       →       ↑       ↑
→       ↑       ↑       ↑       →       →       →       ↑       ↑
```

得られた方策を見ると，S で表された初期状態から，WW で表される壁を避けながら GG で表された終了状態に向かう方策が得られていることがわかる.

第6章
モンテカルロ学習

第5章の動的計画では，推移確率 $p(s'|s,a)$ や確率的方策 $\pi(a|s)$ が既知であるとした．このような問題を，**モデルベースの問題**，と呼ぶ．これに対して，確率的な情報がわからない問題を，**モデルフリーの問題**と呼ぶ．

モデルフリーの問題では，モデルベースの問題で用いた方法を直接用いることはできない．例えば，モデルベースの問題で用いた行動価値関数 $q^\pi(s,a)$ の計算方法は，確率 $p(s'|s,a)$ がわからないモデルフリーの問題では実行できない：

$$q^\pi(s,a) = r(s,a) + \gamma \sum_{s' \in \mathcal{S}} p(s'|s,a) v^\pi(s')$$

モデルフリーの問題では，確率がわからなくても価値関数の評価などを行う方法が必要である．本章では，このような方法として有効な，**モンテカルロ学習**を扱う．

6.1 全幅探索とサンプル探索

モデルベースの問題に対する動的計画における次の更新式

$$v_k^\pi(s) \leftarrow \sum_{a \in \mathcal{A}} \pi(a|s) \left[r(s,a) + \gamma \sum_{s' \in \mathcal{S}} p(s'|s,a) v_{k-1}^\pi(s') \right] \tag{6.1}$$

を図示すると，図6.1のようになる．木のルートの円は，状態 $s = s^0$ を表している．そして，四角で示した2つの子 a^1, a^2 は，s^0 からとる可能性のある行動を表している．これらの行動をとる確率は，それぞれ方策 $\pi(a^1|s^0)$ と $\pi(a^2|s^0)$ で表される．

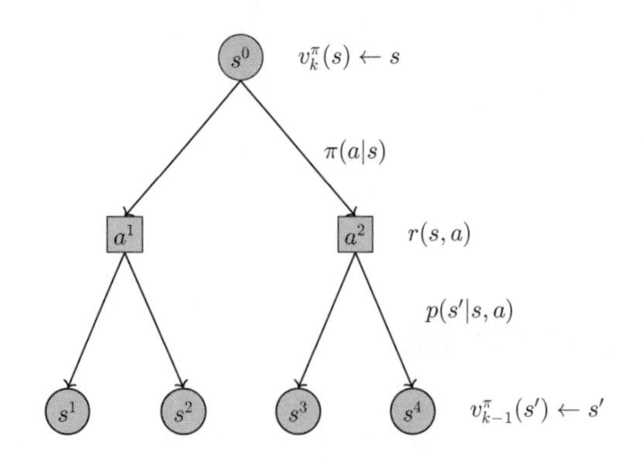

図 6.1　全幅探索

2 つの子のどちらに移るかは，a^1 と a^2 のどちらが実現したかによって決まる．また，状態 s で行動 a をとる場合に実現する報酬は $r(s,a)$ であるので，このことをレベル 2 の四角の脇の $r(s,a)$ で示した．

いま，右の四角で表される行動 a^2 が実現したとする．

レベル 3 の 4 つの円は，(s,a) から推移する可能性のある状態 s' を表す．レベル 2 の 1 つの四角は 1 つのペア (s,a) を表すが，ここから 2 つの子のうちのどちらに推移するかは，確率 $p(s'|s,a)$ で定まる．この確率を，レベル 2 の四角とレベル 3 の円を結ぶ線の脇に示した．

この木のルートの表す状態 s^0 の価値関数の値は，4 つの葉 s^1, s^2, s^3, s^4 までのすべてのノードの情報を用いて，次のように表される：

$$\begin{aligned} v_k^\pi(s^0) &= \pi(a^1|s^0)\left[r(s^0,a^1)+\gamma\left(p(s^1|s^0,a^1)v_{k-1}^\pi(s^1)+p(s^2|s^0,a^1)v_{k-1}^\pi(s^2)\right)\right] \\ &\quad +\pi(a^2|s^0)\left[r(s^0,a^2)+\gamma\left(p(s^3|s^0,a^2)v_{k-1}^\pi(s^3)+p(s^4|s^0,a^2)v_{k-1}^\pi(s^4)\right)\right] \end{aligned}$$

レベル 3 の円で示した推移先の状態 s' の価値関数 $v_{k-1}^\pi(s')$ に確率 $p(s'|s,a)$ をかけたものの和が，更新式 (6.1) の右辺の括弧内の第 2 項に対応する．

この計算では，すべての葉 s^1, s^2, s^3, s^4 に至るまでの情報を用いて，価値関数の評価を行った．このように，木全体の情報を用いる評価方法を，**全幅探索**と呼ぶ．

これに対して，木全体の情報を用いるのではなく，サンプリングによって取り出した一部の情報のみを用いて評価を行うのが，**サンプル探索**である．サンプル探索の様子を図 6.2 に示した．サンプル探索では，実際に実現した状態と行動に関するデータを用いて価値関数の評価を行う．ここでは，実現したノードをグレーで示す．例えば，レベル 1 の円で示された状態 s^0 から，行動 a^2 が実現したとする．さらに，行動 a^2 をとった結果，状態 s^4 が実現した

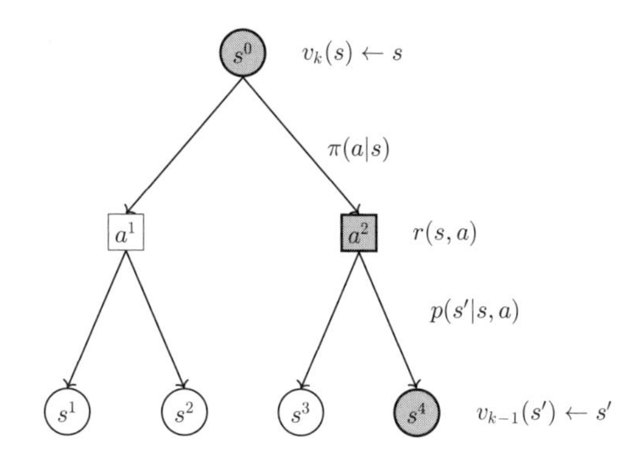

図 **6.2** サンプル探索

とする．こうして，状態 s^0，行動 a^2 を経て，葉 s^4 に至る経路が実現した．これを，サンプルと呼ぶ．ここで実現した報酬 $r(s^0, a^2)$，価値関数 $v(s^4)$ の値を用いて，ルートの状態 s^0 の価値関数 $v(s^0)$ を評価するのが，サンプル探索である．たった1つのサンプルでは得られる情報は限られるが，十分にたくさんのサンプルを用いることで，良い推定値が得られることが期待される．

サンプル探索では，どの状態と行動が実現したかがわかればよいので，確率 $p(s'|s,a)$ を知る必要がない．したがって，モデルフリーの問題に対しても実行することができる．

6.2 モンテカルロ方策評価

強化学習では，リターン G_t の期待値を最大化することが目的である．ここで，リターンは次の式で定められるのであった：

$$G_t = r_t + \gamma r_{t+1} + \gamma^2 r_{t+2} + \gamma^3 r_{t+3} + \cdots$$

方策 π についての価値関数 $v^\pi(s)$ は，方策 π に従ったときのリターン G_t の期待値であるので，次のとおりに表される：

$$\begin{aligned} v^\pi(s) &= \mathbb{E}_\pi\left[G_t | s_t = s\right] \\ &= \mathbb{E}_\pi\left[r_t + \gamma r_{t+1} + \gamma^2 r_{t+2} + \gamma^3 r_{t+3} + \cdots | s_t = s\right] \end{aligned}$$

この期待値は，状態間の推移確率がわからない場合は計算することができない．そこで，サンプル探索によりこの値を推定したい．

例えば，コインを投げたときに裏が出る確率と表が出る確率を知りたいとする．これらの確率を推定する方法として，コインを実際に複数回投げてみて，裏が出る回数と表が出る回数を数える，という方法が考えられる．例えば，100 回投げたときに表が出た回数が 48 回，裏が出た回数が 52 回であれば，表が出る確率は 48/100 と推定することができる．

同様に，方策 π に従ったときの報酬の実現値のサンプル

$$(r_t, r_{t+1}, r_{t+2}, \ldots)$$

が得られれば，そこから G_t の値を推定することができる．こうして推定した値を，期待値 $\mathbb{E}_\pi\left[G_t | s_t = s\right]$ の代わりに $v^\pi(s)$ の評価値として用いることが考えられる．

ここで，方策 π に従ったときのマルコフ決定過程のエピソードを，

$$(s_0, a_0, r_0, s_1, a_1, r_1, \ldots, s_{T-1}, a_{T-1}, r_{T-1}, s_T, a_T, r_T)$$

と表すことにする．これは，期 t において，状態 s_t からの行動として a_t が実現し，その結果として報酬 r_t が実現した，と見て，(s_t, a_t, r_t) の 3 つ組を 1 つの単位と考えるとよい．

ここでは，複数のエピソードが得られているとして，i 番目のエピソードを

$$i = (s_{i,0}, a_{i,0}, r_{i,0}, s_{i,1}, a_{i,1}, r_{i,1}, \ldots, s_{i,T_i}, a_{i,T_i}, r_{i,T_i})$$

と表すことにする．i 番目のエピソードは期 T_i で終了しているが，エピソードによって終了状態に至る期は一般的には異なることに注意する．例えば，エピソード 1 は 3 期で終了状態に至ったので $T_1 = 3$，エピソード 2 は 5 期で終了状態に至ったので $T_2 = 5$，というような具合である．

次に示すのは，ランダム・ウォークについてのマルコフ決定過程の，2 つのエピソードの例である．

$$\begin{aligned}
1 &= (s_{1,0}, a_{1,0}, r_{1,0}, s_{1,1}, a_{1,1}, r_{1,1}, s_{1,2}, a_{1,2}, r_{1,2}, s_{1,3}, a_{1,3}, r_{1,3},\\
&\quad s_{1,4}, a_{1,4}, r_{1,4}, s_{1,5}, a_{1,5}, r_{1,5})\\
&= (0, \text{左}, -1, -1, \text{右}, -1, 0, \text{左}, -1, -1, \text{左}, -1, -2, \text{左}, -1, -3, \text{右}, 0)\\
2 &= (s_{2,0}, a_{2,0}, r_{2,0}, s_{2,1}, a_{2,1}, r_{2,1}, s_{2,2}, a_{2,2}, r_{2,2}, s_{2,3}, a_{2,3}, r_{2,3})\\
&= (0, \text{左}, -1, 1, \text{右}, -1, 2, \text{右}, -1, 3, \text{右}, 0)
\end{aligned}$$

エピソード 1 から状態のみを取り出すと，最初の状態 0 からはじまって

$$(s_{1,0}, s_{1,1}, s_{1,2}, s_{1,3}, s_{1,4}, s_{1,5}) = (0, -1, 0, -1, -2, -3)$$

と推移し，期 5 に終了状態 -3 に到達して終了していることがわかる．また，終了状態に至るまでの行動のみを取り出すと

$$(a_{1,0}, a_{1,1}, a_{1,2}, a_{1,3}, a_{1,4}, a_{1,5}) = (\text{左}, \text{右}, \text{左}, \text{左}, \text{左}, \text{右})$$

となり，報酬のみを取り出すと

$$(r_{1,0}, r_{1,1}, r_{1,2}, r_{1,3}, r_{1,4}, r_{1,5}) = (-1, -1, -1, -1, -1, 0)$$

となることもわかる．

エピソード 2 での状態の推移は，

$$(s_{2,0}, s_{2,1}, s_{2,2}, s_{2,3}) = (0, 1, 2, 3)$$

であり，今度は期 3 で終了状態 3 に到達してエピソードを終えている．

エピソード 1 についての期 0 におけるリターン $\tilde{G}_0$ は，割引率 $\gamma = 0.5$ とすると，次のように求められる:

$$\begin{aligned}
\tilde{G}_0 &= r_0 + \gamma r_1 + \gamma^2 r_2 + \gamma^3 r_3 + \gamma^4 r_4 + \gamma^5 r_5 \\
&= r_0 + (0.5)\, r_1 + (0.5)^2\, r_2 + (0.5)^3\, r_3 + (0.5)^4\, r_4 + (0.5)^5\, r_5 \\
&= -1 + (0.5) \times (-1) + (0.5)^2 \times (-1) + (0.5)^3 \times (-1) + (0.5)^4\, (-1) \\
&\quad + (0.5)^5\, (0) \\
&= -1 - 0.5 - 0.25 - 0.125 - 0.0625 + 0 \\
&= -1.9375
\end{aligned}$$

同様に，エピソード 2 についての期 0 におけるリターン $\tilde{G}_0$ は次のように求められる．

$$\begin{aligned}
\tilde{G}_0 &= r_0 + \gamma r_1 + \gamma^2 r_2 + \gamma^3 r_3 \\
&= r_0 + (0.5)\, r_1 + (0.5)^2\, r_2 + (0.5)^3\, r_3 \\
&= -1 + (0.5) \times (-1) + (0.5)^2 \times (-1) + (0.5)^3 \times (0) \\
&= -1 - 0.5 - 0.25 + 0 \\
&= -1.75
\end{aligned}$$

これらは，$\mathbb{E}_\pi[G_0 | s_0 = 0]$ の推定に用いることができる．例えば，これら 2 つの値の平均値

$$\frac{1}{2}\,(-1.9375 - 1.75) = -1.84375$$

を，$\mathbb{E}_\pi[G_0|s_0=0]$ の推定値として用いることができる．これはたった2つのエピソードから得られたものなので，あまり信頼できるものではないが，十分な数のエピソードがあれば，より信頼できる推定値を得ることができる可能性がある．

6.3　First-visit モンテカルロ方策評価

モデルフリーの問題について，方策 π が与えられたとき，この方策の評価を行いたい．モデルフリーの問題であるために期待値の計算に推移確率の値を用いることはできない．そこで，サンプル探索により価値関数の推定を行う．

いま，i 番目のエピソードについての期 t でのリターン $G_{i,t}$ は，次の式で定められる：

$$G_{i,t} = r_{i,t} + \gamma r_{i,t+1} + \gamma^2 r_{i,t+2} + \cdots + \gamma^{T_i - t} r_{i,T_i}$$

この $G_{i,t}$ は，エピソード i において期 t 以降に得られた報酬の実現値によって定められる．

このエピソード i では，状態 $s_{i,0}$, $s_{i,1}$, $s_{i,2}$, ..., s_{i,T_i} を訪問するが，これらの状態のなかには同じものが含まれている可能性がある．例えば，期5の状態が $s_{i,5}=s^3$ であったが，そこから $s_{i,6}$, $s_{i,7}$, $s_{i,8}$ と異なる状態を経て，期9で再び $s_{i,9}=s^3$ となるような状況である．

First-visit モンテカルロ方策評価では，各エピソードにおいて，状態 s を初めて訪問する期に注目する．いま，方策 π に従って得られた実現値として，手元に W 個のエピソードがあるとする．これらのエピソードを用いて，価値関数 $v^\pi(s)$ の評価値を求めたいとする．

これら W 個のエピソードのなかで，状態 s を訪問した回数を $N(s)$，状態 s を訪問した時点におけるリターンの評価値を $G(s)$ と表すことにする．これらの初期値を0と設定し，エピソードの中身を1つずつ確認することで，$N(s)$, $G(s)$ の値を更新する．そして，最終的に $G(s)/N(s)$ が $v^\pi(s)$ の評価値となるように計算を行う．

この計算を実行する First-visit モンテカルロ方策評価のアルゴリズムを，Algorithm 5 に示す．

Algorithm 5 First-visit モンテカルロ方策評価

1: **Step 0.** （初期化）
2: すべての状態 $s \in \mathcal{S}$ について，$N(s) = 0, G(s) = 0$ とする．
3: **Step 1.** エピソード $i = 1, 2, \ldots, W$ に対して，次の処理を実行する．

- エピソード $i = (s_{i,0}, a_{i,0}, r_{i,0}, s_{i,1}, a_{i,1}, r_{i,1}, s_{i,2}, a_{i,2}, r_{i,2}, \ldots, s_{i,T_i}, a_{i,T_i}, r_{i,T_i})$ を取り出す．
- エピソード i の各期 t に対して，t での状態 $s_{i,t} = s$ がそのエピソードで初めて訪問した状態であれば，次の式で $N(s)$, $G(s)$, $v^\pi(s)$ を更新する．

$$\begin{aligned}
G_{i,t} &= r_{i,t} + \gamma r_{i,t+1} + \gamma^2 r_{i,t+2} + \cdots + \gamma^{T_i - t} r_{i,T_i} \\
N(s) &\leftarrow N(s) + 1 \\
G(s) &\leftarrow G(s) + G_{i,t} \\
v^\pi(s) &\leftarrow G(s)/N(s)
\end{aligned}$$

Step 0 では，すべての状態 s に対して，$N(s) = G(s) = 0$ とする．

Step 1 では，W 個の各エピソードの情報を用いて，$N(s)$ と $G(s)$ の値を更新する．例えば，前に述べたランダム・ウォークのエピソード 1（136 ページ）では，状態は

$$(s_{1,0}, s_{1,1}, s_{1,2}, s_{1,3}, s_{1,4}, s_{1,5}) = (0, -1, 0, -1, -2, -3)$$

と推移しているが，これは $s_{1,1} = s_{1,3}$ がいずれも状態 -1 であり，期 1 と期 3 に同じ状態を訪問していることになる．このような場合，期 1 でのみ $N(-1)$, $G(-1)$, $v^\pi(-1)$ の値を更新する．期 3 でも状態 -1 を訪問するが，これはエピソード 1 内での 2 回目の訪問なので，このときは $N(-1)$, $G(-1)$, $v^\pi(-1)$ の更新は行わない．

モンテカルロ方策評価には，エピソードが必要である．このエピソードはどのように生成されたものでもよい．例えば，複雑な要素からなる，したがってモデルフリーのシステムを実際に稼働させて観測されたデータなどをエピソードとすることができる．ここでは，擬似乱数を用いてエピソードを生成することにする．そこで，1 次元のランダム・ウォークのマルコフ決定過程でのエピソードを生成するプログラムを示す．

```
1  def random_static_policy(S,move):
2      pi = {};
3      for s in S:
4          pi[s] = {a:0 for a in move[s]};
5          pi[s][random.choice(move[s])] = 1;
6      return pi;
7  
8  def realize_state(s,a,P,terminal):
9      if s in terminal:
10         return 'T';
11     return random.choices(list(P[(s,a)].keys()),weights=
           list(P[(s,a)].values()))[0];
12 
13 def gen_action(pi):
14     return random.choices(list(pi.keys()),weights=list(pi
           .values()))[0];
15 
16 def gen_episode_MDP(x_init,pi,r,terminal,P):
17     s = x_init;
18     episode = [s];
19 
20     while True:
21         a = gen_action(pi[s]);
22         episode.append(a);
23         episode.append(r[s][a]);
24         s = realize_state(s,a,P,terminal);
25         episode.append(s);
26         if episode[-1] == 'T':
27             break;
28     return episode;
29 
30 random.seed(1);
31 x_min,x_max = -3,3;
32 S,P,move,r = one_d_randomwalk_MDP_env(x_min,x_max);
33 x_init = 0;
34 terminal = [x_min,x_max];
35 pi = random_static_policy(S,move);
36 episode = {};
37 
38 for i in range(3):
```

```
39        episode[i] = gen_episode_MDP(x_init,pi,r,terminal,P);
40        print(episode[i][::3]);
41        print(episode[i][1::3]);
42        print(episode[i][2::3]);
43        print();
```

このプログラムでは4つの関数を新たに定めている．

1–6行目では，関数random_static_policy()を定めている．この関数は，行動をランダムに選んで確定的方策を設定する．これまでは，確定的方策はpi[s]='→'などと，行動を値とする辞書で表してきたが，ここからは，確率的方策 $\pi(s|a)$ を表すこともできる形式で方策を表すことにする．具体的には，方策 $\pi(a|s)$ をpi[s][a]と表す辞書piを定める．

2行目では，辞書piを空の辞書として初期化している．

3–5行目は，各状態sに対するpi[s]を，辞書として定める反復処理である．4行目で，いったんmove[s]のすべての要素aに対してpi[s][a]を0に設定する．pi[s][a]で確定的方策を表すには，いずれか1つのaについてpi[s][a]の値を1にするが，5行目ではこの1つのaを，ランダムに選んでいる．

8–11行目は，状態sで行動aをとったときの推移先の状態を実現する関数realize_state()を定めるものである．

9，10行目は，sがterminalの要素であれば'T'を返して関数の処理を終了するものである．

11行目は，sがterminalの要素でないときは，P[(s,a)].values()を重みとしてP[(s,a)]のキーから1つをランダムに選び，返すものである．例えば，P[(s,a)]が{-3:0, -2:0, -1:0.1, 0:0, 1:0.9, 2:0, 3:0}であれば，確率0.1で状態 -1 が返され，確率0.9で状態1が返される．

13，14行目は，方策piに基づいて行動を実現する関数gen_action()を定めるものである．この関数の引数は，関数random_static_policy()の返り値piの形式で確率的方策を表した辞書を想定している．この関数の引数piでは，行動aをとる確率がpi[a]と表される．

14行目では，piのキーから1つの値をランダムに選んで行動の実現値としている．ただし，ランダムに選ぶ際には重みとしてpi.values()を用いている．ここでは，方策piは確定的方策として定めているので，pi[a]はちょうど1つのaについてのみ1となる．したがって，この関数はpi[a]が1であるaを返り値とすることになる．

16–28 行目では，エピソードを1つ生成する関数 gen_episode_MDP() を定めている．

17 行目で引数 x_init を最初の状態 s として設定している．そして，18 行目ではその s を唯一の要素としてエピソードを表すリスト episode を定めている．

20–27 行目は，終了状態に至るまでエピソードの要素を生成する反復処理である．

21 行目は，現在の状態 s についての方策 pi[s] に従って，行動の実現値 a を関数 gen_action() によって得る．そうして得た a を，episode の末尾に加える．さらに，報酬 $r(s,a)$ を表す r[s][a] を，a の後に加える．ここまでで，1つの3つ組 (s_t, a_t, r_t) がエピソードに追加されたことになる．

24 行目で realize_state() により次の状態の実現値 s を得る．そして，その s を episode の末尾に加える．

26 行目は，episode の最後の要素，すなわち状態 s が'T' かどうかを判定するものである．'T' であれば，while 文による繰り返し処理を終了する．

こうして定義した関数 gen_episode_MDP() を用いてエピソードを生成して画面に表示する処理が，30–43 行目である．

30 行目は，引数を1として擬似乱数の種を設定するものである．

31–34 行目までは1次元ランダム・ウォークのマルコフ決定過程の環境を生成するもので，これまで用いたものと同様である．

35 行目では，エピソードの生成に用いる方策を，ランダムに定めた確定的方策として定めている．このために，関数 random_static_policy() を用いている．

40–42 行目は，それぞれ状態のみ，行動のみ，報酬のみを抜き出したリストを画面に表示するものである．episode[i][::3] は，episode の要素を episode[0] から3つおきに取り出したリストを表す．同様に，episode[i][1::3] は episode[1] から3つおきに，episode[i][1::3] は episode[2] から3つおきに，取り出したリストを表す．

このプログラムの実行例は，次のとおりである．

```
[0, 1, 2, 1, 2, 1, 0, 1, 0, 1, 0, 1, 0, 1, 0, 1, 0, 1, 0, 1, 0, 1, 0, 1,
     0, 1, 0, 1, 0, 1, 0, 1, 0, 1, 0, 1, 0, -1, -2, -1, -2, -1, -2, -1,
     -2, -1, -2, -1, -2, -1, -2, -1, -2, -1, -2, -1, -2, -1, -2, -1, 0,
     1, 0, 1, 0, 1, 0, 1, 0, 1, 0, 1, 0, 1, 0, 1, 0, -1, -2, -1, -2, -1,
     -2, -1, -2, -3, ’T’]
[’→’, ’←’, ’←’, ’←’, ’←’, ’←’, ’→’, ’←’, ’→’, ’←’, ’→’, ’←’, ’→
     ’, ’←’, ’→’, ’←’, ’→’, ’←’, ’→’, ’←’, ’→’, ’←’, ’→’, ’←’, ’→
     ’, ’←’, ’→’, ’←’, ’→’, ’←’, ’→’, ’←’, ’→’, ’←’, ’→’, ’←’, ’→
     ’, ’←’, ’→’, ’←’, ’→’, ’←’, ’→’, ’←’, ’→’, ’←’, ’→’, ’←’, ’→
     ’, ’←’, ’→’, ’←’, ’→’, ’←’, ’→’, ’←’, ’→’, ’←’, ’→’, ’←’, ’→
     ’, ’←’, ’→’, ’←’, ’→’, ’←’, ’→’, ’←’, ’→’, ’←’, ’→’, ’←’, ’→
     ’, ’←’, ’→’, ’←’, ’→’, ’←’, ’→’, ’←’, ’→’, ’←’, ’→’, ’←’, ’→
     ’, ’→’]
[-1, -1, -1, -1, -1, -1, -1, -1, -1, -1, -1, -1, -1, -1, -1, -1, -1, -1,
     -1, -1, -1, -1, -1, -1, -1, -1, -1, -1, -1, -1, -1, -1, -1, -1, -1,
     -1, -1, -1, -1, -1, -1, -1, -1, -1, -1, -1, -1, -1, -1, -1, -1, -1,
     -1, -1, -1, -1, -1, -1, -1, -1, -1, -1, -1, -1, -1, -1, -1, -1, -1,
     -1, -1, -1, -1, -1, -1, -1, -1, -1, -1, -1, -1, -1, -1, -1, -1, 1]

[0, 1, 0, 1, 0, 1, 0, 1, 0, 1, 0, 1, 0, 1, 0, -1, -2, -1, -2, -1, -2, -1,
      0, -1, -2, -1, -2, -1, -2, -1, -2, -1, -2, -1, -2, -1, 0, 1, 0, 1,
     0, 1, 0, 1, 0, 1, 0, 1, 0, -1, -2, -1, 0, -1, -2, -1, -2, -3, ’T’]
[’→’, ’←’, ’→’, ’←’, ’→’, ’←’, ’→’, ’←’, ’→’, ’←’, ’→’, ’←’, ’→
     ’, ’←’, ’→’, ’←’, ’→’, ’←’, ’→’, ’←’, ’→’, ’←’, ’→’, ’←’, ’→
     ’, ’←’, ’→’, ’←’, ’→’, ’←’, ’→’, ’←’, ’→’, ’←’, ’→’, ’←’, ’→
     ’, ’←’, ’→’, ’←’, ’→’, ’←’, ’→’, ’←’, ’→’, ’←’, ’→’, ’←’, ’→
     ’, ’←’, ’→’, ’←’, ’→’, ’←’, ’→’, ’←’, ’→’, ’→’]
[-1, -1, -1, -1, -1, -1, -1, -1, -1, -1, -1, -1, -1, -1, -1, -1, -1, -1,
     -1, -1, -1, -1, -1, -1, -1, -1, -1, -1, -1, -1, -1, -1, -1, -1, -1,
     -1, -1, -1, -1, -1, -1, -1, -1, -1, -1, -1, -1, -1, -1, -1, -1, -1,
     -1, -1, -1, -1, -1, 1]

[0, 1, 0, 1, 0, 1, 0, 1, 0, 1, 0, 1, 0, 1, 0, 1, 2, 3, ’T’]
[’→’, ’←’, ’→’, ’←’, ’→’, ’←’, ’→’, ’←’, ’→’, ’←’, ’→’, ’←’, ’→
     ’, ’←’, ’→’, ’←’, ’←’, ’←’]
[-1, -1, -1, -1, -1, -1, -1, -1, -1, -1, -1, -1, -1, -1, -1, -1, -1, 1]
```

こうして定めた関数 gen_episode_MDP() により生成したエピソードを用いて，First-visit モンテカルロ方策評価を実行するプログラムは，次のとおりである．

```
1   random.seed(1);
2   x_min, x_max, x_init = -5, 5, 0;
3   S, P, move, r = one_d_randomwalk_MDP_env(x_min,x_max);
4   x_init = 0;
5   terminal = [x_min,x_max];
6   pi = random_static_policy(S,move);
7   n_episodes, gamma =1000, 0.7;
8   
9   episode = {};
10  for i in range(n_episodes):
11      episode[i] = gen_episode_MDP(x_init,pi,r,terminal,P);
12  
13  N = {s:0 for s in S};
14  G = {s:0 for s in S};
```

```
15  v = {s:0 for s in S};
16  tv = {};
17
18  for i in range(n_episodes):
19      visited = [];
20      si, ri = episode[i][::3], episode[i][2::3];
21      T = len(ri);
22      tG = Greturn(ri,gamma);
23      for t in range(T):
24          if si[t] not in visited:
25              N[si[t]] += 1;
26              G[si[t]] += tG[t];
27              v[si[t]] = G[si[t]]*(1/N[si[t]]);
28              visited.append(si[t]);
29      tv[i] = copy.deepcopy(v);
30
31  print("First-visit Monte Carlo\n");
32  print("Number of episodes:",n_episodes,"\n");
33  print("Policy to evaluate");
34  print(pi);
35  print();
36  print("Value function");
37  print_dict(v,3);
38  plot_one_d_value(tv,200,"1D-FirstVisitMC.pdf");
```

1–6 行目まではこれまでと同様である.

7 行目で，生成するエピソードの数を表す n_episode を 1000 に，割引率を表す gamma を 0.7 に設定している.

9 行目は，生成したエピソードを表す辞書 episode を空の辞書として初期化している.

10，11 行目では，関数 gen_episode_MDP() を用いて n_episode 個のエピソードを生成している.

13–15 行目は，$N(s)$，$G(s)$，$v(s)$ を表す辞書 N[s], G[s], v[s] をすべての状態に対する値が 0 の辞書として初期化している.

18–29 行目は，生成したエピソードを用いて価値関数の評価値を計算する反復処理である.

19 行目は，i 番目のエピソードで訪問済みの状態を要素とするリスト visited を空のリストとして初期化するものである.

20 行目は，episode[i] のうちの状態を表す要素を si，報酬を表す要素を ri として取り出している．

21 行目は，終了状態に至るまでの期の数を表す T を，len(ri) として求めている．

22 行目は，報酬を表す ri を用いて各期でのリターン G_t を表す tG[t] を Greturn() により求めるものである．この行の計算により，tG[0], tG[1],..., tG[T-1] が得られる．

23–28 行目は，episode[i] の期 t のデータ si[t], tG[t] を用いて，N, G, v の値を更新するものである．

24 行目は，状態 si[t] が表す状態が，episode[i] ですでに訪問されているか否かを判定するものである．si[t] が visited に含まれていれば，すでに訪問されており，含まれていなければいまだ訪問されていないことになる．いまだ訪問されていない場合は，25–28 行目の処理を実行する．25 行目は $N(s) \leftarrow N(s) + 1$，26 行目は，$G(s) \leftarrow G(s) + G_{i,t}$，27 行目は，$v^{\pi}(s) \leftarrow G(s)/N(s)$ に対応する計算を実行している．

28 行目では，ここで訪問した状態 si[t] を，visited に追加する．

29 行目は，episode[i] の処理を終えた時点での価値関数 v をコピーして tv[i] として記録するものである．

31–38 行目は，計算の結果を画面に表示するためのものである．

このプログラムの実行結果は，次のとおりである．

```
First-visit Monte Carlo
Number of episodes: 1000

Policy to evaluate
{-5: {'→': 1}, -4: {'→': 1, '←': 0}, -3: {'→': 0, '←
    ': 1}, -2: {'→': 1, '←': 0}, -1: {'→': 0, '←
    ': 1}, 0: {'→': 0, '←': 1}, 1: {'→': 0, '←
    ': 1}, 2: {'→': 0, '←': 1}, 3: {'→': 1, '←
    ': 0}, 4: {'→': 1, '←': 0}, 5: {'←': 1}}

Value function
{-5: 1.0, -4: -2.831, -3: -3.003, -2: -3.292, -1: -3.306,
     0: -3.314, 1: -3.301, 2: -3.13, 3: -1.564, 4: -0.3,
    5: 1.0}
```

また，各反復で得られた v の値をプロットした図を，図 6.3 に示した．状態

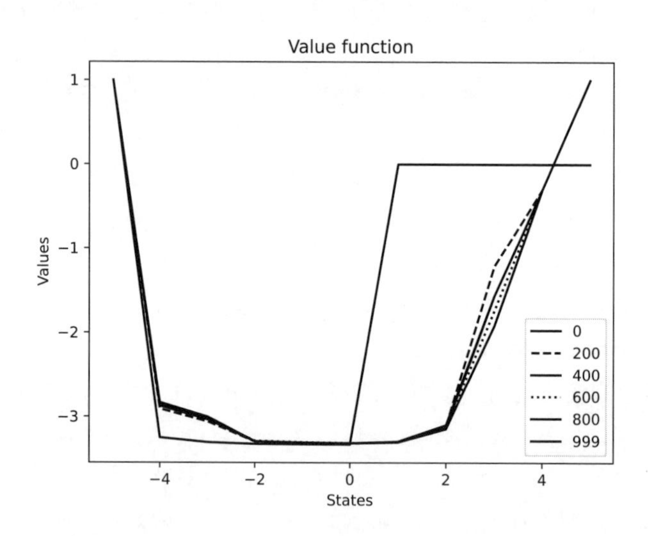

図 **6.3**　1次元ランダム・ウォークに対する First-visit モンテカルロ方策評価

空間のなかでの中央の状態 0 から等距離にある状態 −3 と 3 の値を比べると，3 の値のほうが大きいことがわかる．ここで，評価対象の方策を見ると，状態 −3 での方策は，’←’ と −5 に近づく方向であるが，状態 −4 での方策は’→’ と −5 から遠ざかる方向である．これに対して，状態 3 での方策は，’→’ とより近い終了状態 5 に近づく方向であり，状態 4 での方策も’→’ と状態 5 に近づく方向である．このことが，価値関数の値に反映されていると考えられる．つまり，状態 3 において右に移動することは，状態 −3 において右に移動するよりも価値が高いと評価されていると考えられる．

次に，2 次元ランダム・ウォークについてのマルコフ決定過程に対して First-visit モンテカルロ方策評価を実行するプログラムを示す．

```
1  random.seed(1);
2  x_min, x_max = 0, 8;
3  y_min, y_max = 0, 10;
4  S, P, move = two_d_randomwalk_MDP_env((x_min,x_max),(
       y_min,y_max));
5  wall, r, init_pt, terminal = two_d_wall(S,move);
6
7  pi = {};
8  for s in S:
9      pi[s] = {a:0 for a in move[s]};
10     if s[0] == x_min:
```

```
11            pi[s]['→'] = 1;
12        elif s[0] == x_max:
13            pi[s]['←'] = 1;
14        elif s[1] == y_min:
15            pi[s]['↑'] = 1;
16        elif s[1] == y_max:
17            pi[s]['↓'] = 1;
18        else:
19            pi[s][random.choice(move[s])] = 1;
20
21  n_episodes, gamma = 1000, 0.7;
22
23  episode = {};
24  for i in range(n_episodes):
25      episode[i] = gen_episode_MDP(init_pt,pi,r,terminal,P
            );
26
27  N = {s:0 for s in S};
28  G = {s:0 for s in S};
29  v = {s:0 for s in S};
30  tv = {};
31  for i in range(n_episodes):
32      visited = [];
33      si,ri = episode[i][::3],episode[i][2::3];
34      T = len(ri);
35      tG = Greturn(ri,gamma);
36      for t in range(T):
37          if si[t] not in visited:
38              N[si[t]] += 1;
39              G[si[t]] += tG[t];
40              v[si[t]] = G[si[t]]*(1/N[si[t]]);
41              visited.append(si[t]);
42      tv[i]=copy.deepcopy(v);
43
44  print("First-visit Monte Carlo\n");
45  print("Number of episodes:",n_episodes,"\n");
46  print("Policy to evaluate");
47  t_pi={s:max(pi[s],key=pi[s].get) for s in S};
48  print_two_d_policy(t_pi,init_pt,terminal,wall);
49  print("Value function");
50  print_two_d_value(v);
```

1–5 行目は，2 次元のランダム・ウォークの環境を生成するものであり，これまで用いてきたものと同様である．7–19 行目は，評価対象の方策を定めるものである．1 次元のランダム・ウォークでは，random_static_policy() によってランダムに方策を定めたが，2 次元でこの方法をとると，終了状態に至るまでに長い期間がかかるので，格子空間の端の状態では内側に向けた行動をとるようにしている．例えば，s[0] が x_min に等しい点は，左端にいることになるので，この場合は右に移動することとする．

21–42 行目は 1 次元の場合と同様である．

44 行目以降は，結果を表示するものである．

このプログラムを実行した結果は，次のとおりである．

```
First-visit Monte Carlo

Number of episodes: 10000

Policy to evaluate
→       ↓       ↓       ↓       ↓       ↓       ↓       ↓       ←
→       ←       ←       ↓       ↓       ↓       ↓       ↓       ←
→       ↓       ↑       ←       GG      ↑       ←       ←       ←
→       ↓       ↓       ↓       ←       →       ↓       →       ←
→       ↓       →       →       ↑       ↑       →       ↓       ←
→       ↓       WW      WW      WW      WW      WW      →       ←
→       →       WW      WW      WW      WW      WW      ↑       ←
→       ↑       →       →       ↓       ↓       ↑       ↑       ←
→       →       ↓       ↑       S←      →       ↑       ←       ←
→       ←       →       →       →       ↑       ←       ↓       ←
→       ↑       ↑       ↑       ↑       ↑       ↑       ↑       ←

Value function
-3.897  -4.109  -3.519  0.6418  36.27   2.628   -1.216  -1.845  -2.633
-4.525  -4.62   -3.957  0.9644  59.98   3.841   -0.4461 -1.418  -2.102
-12.62  -17.09  -4.223  -0.1629 100     4.39    1.03    -0.6262 -1.662
-18.5   -25.99  -15.34  -15.22  -7.028  -8.966  -11.71  -4.261  -4.146
-27.77  -38.52  -22.33  -22.24  -17.52  -16.79  -17.97  -12.93  -9.476
-38.61  -58.75  -190.5  -283.4  -284.6  -285.7  -221.2  -17.41  -12.75
-55.13  -82.62  -129.1  -197.4  -137.7  -226.5  -185.1  -18.85  -13.49
-35.62  -52.38  -21.06  -21.9   -21.39  -42.42  -115.5  -18.87  -14.48
-7.747  -8.509  -9.081  -15.75  -22.52  -48.57  -73.97  -47.53  -30.32
-3.995  -4.154  -10.91  -15.46  -21.93  -32.22  -23.98  -7.894  -7.543
-3.835  -3.966  -8.275  -11.46  -15.9   -22.01  -16.61  -6.849  -5.55
```

この結果からは，例えば，WW の隣の格子点で，そこでの方策が WW に向かう方向のものは価値関数の値が小さいことや，GG の隣の格子点で，そこでの方策が GG に向かう方向のものは値が大きいことなどがわかる．

6.4 Every-visit モンテカルロ方策評価

First-visit モンテカルロ方策評価では，各エピソードにおいて，期 t での状態 $s_{i,t}=s$ がそのエピソードで最初に訪問したものであったら $N(s)$, $G(s)$ と $v^\pi(s)$ を更新する．これに対して **Every-visit モンテカルロ方策評価**では，$s_{i,t}=s$ がそのエピソードで最初に訪問したものであるかどうかにかかわらず，$N(s)$, $G(s)$ と $v^\pi(s)$ を更新する．

Every-visit モンテカルロ方策評価のアルゴリズムを，Algorithm 6 に示した．First-visit モンテカルロ方策評価との違いは，$N(s)$, $G(s)$ と $v^\pi(s)$ を更新する際の条件を除いたところである．

Algorithm 6 Every-visit モンテカルロ方策評価

1: **Step 0.** （初期化）
2: すべての状態 $s\in\mathcal{S}$ について，$N(s)=0$, $G(s)=0$ とする．
3: **Step 1.**
4: エピソード $i=1,2,\ldots,W$ に対して，次の処理を実行する．

- エピソード $i=(s_{i,0},a_{i,0},r_{i,0},s_{i,1},a_{i,1},r_{i,1},s_{i,2},a_{i,2},r_{i,2},\ldots,s_{i,T_i},a_{i,T_i},r_{i,T_i})$ を取り出す．
- エピソード i の各期 t に対して，次の式で $N(s)$, $G(s)$, $v^\pi(s)$ を更新する．
  - $G_{i,t}=r_{i,t}+\gamma r_{i,t+1}+\gamma^2 r_{i,t+2}+\cdots+\gamma^{T_i-1}r_{i,T_i-1}+\gamma^{T_i-t}r_{i,T_i}$
  - $N(s)\leftarrow N(s)+1$
  - $G(s)\leftarrow G(s)+G_{i,t}$
  - $v^\pi(s)\leftarrow G(s)/N(s)$

このアルゴリズムを実行するプログラムは，First-visit モンテカルロ方策評価のプログラムにおいて，`if si[t] not in visited` の条件と，`visited.append(si[t])` を取り除くことで得られる．`if si[t] not in visited` を取り除いたプログラムでは，それに続く行のインデントを適切に変更する必要がある．変更後の `for` 文は，次のようになる．

```
for t in range(T):
  N[si[t]]+=1
  G[si[t]]+=tG[t]
  v[si[t]]=G[si[t]]*(1/N[si[t]])
```

1 次元のランダム・ウォークに対して Every-visit モンテカルロ方策評価を

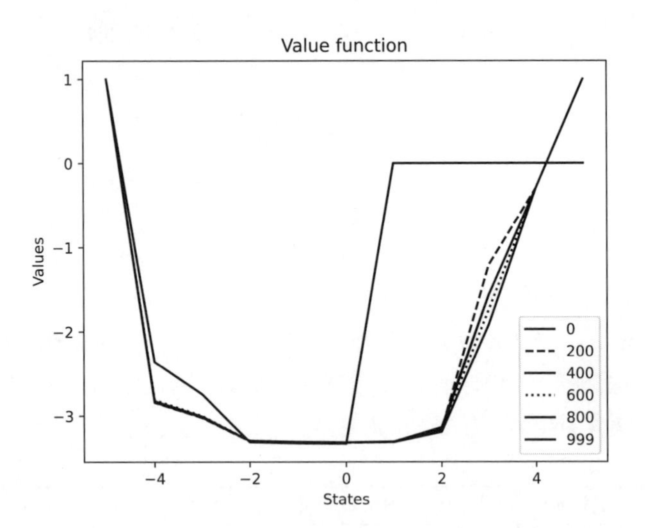

図 **6.4**　1次元ランダム・ウォークに対する Every-visit モンテカルロ方策評価

実行した結果は，次のとおりである．

```
Every-visit Monte Carlo

Number of episodes: 1000

Policy to evaluate
{-5: {'→': 1}, -4: {'→': 1, '←': 0}, -3: {'→': 0, '←
    ': 1}, -2: {'→': 1, '←': 0}, -1: {'→': 0, '←
    ': 1}, 0: {'→': 0, '←': 1}, 1: {'→': 0, '←
    ': 1}, 2: {'→': 0, '←': 1}, 3: {'→': 1, '←
    ': 0}, 4: {'→': 1, '←': 0}, 5: {'←': 1}}

Value function
{-5: 1.0, -4: -2.837, -3: -3.017, -2: -3.294, -1: -3.307,
     0: -3.314, 1: -3.309, 2: -3.162, 3: -1.564, 4: -0.3,
    5: 1.0}
```

また，各反復での評価値をプロットしたものが，図 6.4 である．

同様に，Every-visit モンテカルロ方策評価を2次元のランダム・ウォークに適用した結果は，次のとおりである．

```
Every-visit Monte Carlo

Number of episodes: 10000
```

```
Policy to evaluate
→       ↓       ↓       ↓       ↓       ↓       ↓       ↓       ←
→       ←       ←       ↓       ↓       ↓       ↓       ↓       ←
→       ↓       ↑       ←       GG      ↑       ←       ←       ←
→       ↓       ↓       ↓       ←       →       ↓       →       ←
→       ↓       →       →       ↑       ↑       →       ↓       ←
→       ↓       WW      WW      WW      WW      WW      →       ←
→       →       WW      WW      WW      WW      WW      ↑       ←
→       ↑       →       →       ↓       ↓       ↑       ↑       ←
→       →       ↓       ↑       S←      →       ↑       ←       ←
→       ←       →       →       →       ↑       ←       ↓       ←
→       ↑       ↑       ↑       ↑       ↑       ↑       ↑       ←

Value function
-3.891  -4.069  -3.522  0.7977  36.44   2.614   -1.151  -1.861  -2.681
-4.538  -4.571  -3.893  0.9188  59.97   3.919   -0.1648 -1.367  -2.16
-12.43  -17.06  -4.321  -0.3809 100     4.534   1.185   -0.5611 -1.706
-18.35  -26.07  -15.33  -15.37  -7.542  -8.944  -11.9   -4.357  -4.173
-27.17  -38.89  -22.18  -22.67  -17.05  -16.9   -17.25  -12.41  -9.316
-39.89  -59.19  -191.1  -283    -283.8  -285.3  -221.6  -17.35  -12.61
-55.77  -83.27  -129.6  -197    -137.8  -226.7  -185.4  -18.93  -13.8
-36.1   -52.59  -21.06  -22.04  -21.54  -42.56  -116    -18.54  -14.32
-7.648  -8.569  -9.143  -15.75  -22.6   -48.54  -74.15  -47.43  -30.57
-4.072  -4.169  -10.95  -15.5   -22.11  -32.36  -23.88  -7.937  -7.273
-3.926  -4.113  -8.29   -11.35  -15.87  -22.21  -16.69  -6.894  -5.557
```

6.5　平均の増分計算

モンテカルロ方策評価では，各エピソードでのリターンの累積値 $G(s)$ を訪問回数 $N(s)$ で割ることで，価値関数の評価値 $v^{\pi}(s)$ を求めている．これは，リターンのサンプルの平均値を求めていることになる．

一般に，数値列 $(x_1, x_2, \ldots, x_n)$ の平均 μ_n は，次の式で定められる：

$$
\begin{aligned}
\mu_n &= \frac{1}{n}\sum_{j=1}^{n} x_j \\
&= \frac{1}{n}\left(x_n + \sum_{j=1}^{n-1} x_j\right) \\
&= \frac{1}{n}\left(x_n + (n-1)\,\mu_{n-1}\right) \\
&= \mu_{n-1} + \frac{1}{n}\left(x_n - \mu_{n-1}\right)
\end{aligned}
\tag{6.2}
$$

この式の最後に現れるのは，μ_{n-1} と x_n のみである．つまり，μ_n を求めるには μ_{n-1} と x_n がわかっていればよく，$(x_1, x_2, \ldots, x_{n-1})$ を覚えておく必要はないということである．

モンテカルロ方策評価の更新式

$$
\begin{aligned}
N(s) &\leftarrow N(s)+1 \\
G(s) &\leftarrow G(s)+G_{i,t} \\
v^\pi(s) &\leftarrow G(s)/N(s)
\end{aligned}
$$

では，この平均の増分計算の方法を用いている．

例えば，3 つのエピソード 1, 2, 5 で状態 s が訪問されたとすると，$v^\pi(s)$ の推定値は

$$
v^\pi(s) = \frac{G_{1,t_1}+G_{2,t_2}+G_{5,t_5}}{3}
$$

と定めることになる．ここで，t_i は，エピソード i において状態 s が訪問された期を表す．エピソード 1，2 での計算を終えた時点では，

$$
\begin{aligned}
N(s) &= 2 \\
G(s) &= G_{1,t_2}+G_{2,t_2} \\
v^\pi(s) &= G(s)/N(s) = \frac{G_{1,t_1}+G_{2,t_2}}{2}
\end{aligned}
$$

となっている．ここから，エピソード 5 での計算では，

$$
\begin{aligned}
N(s) &\leftarrow N(s)+1 = 2+1 = 3 \\
G(s) &\leftarrow G(s)+G_{5,t_5}
\end{aligned}
$$

と更新する．こうして，

$$
v^\pi(s) \leftarrow G(s)/N(s) = \frac{G_{1,t_1}+G_{2,t_2}+G_{5,t_5}}{3}
$$

が得られる．

平均の増分計算の式 (6.2) における x_i を $G_{i,t}$ に，n を $N(s)$ に対応させれば，$v^\pi(s)$ の更新式は次のものに書き換えられることがわかる．

$$
\begin{aligned}
N(s) &\leftarrow N(s)+1 \\
v^\pi(s) &\leftarrow v^\pi(s) + \frac{1}{N(s)}\left(G_{i,t} - v^\pi(s)\right)
\end{aligned}
$$

この右辺第 2 項の係数 $\frac{1}{N(s)}$ を α と書くと，この更新式は

$$
v^\pi(s) \leftarrow v^\pi(s) + \alpha\left(G_{i,t} - v^\pi(s)\right)
$$

と表すことができる．この形の更新式は強化学習で繰り返し現れるが，サンプルを用いた平均の増分計算だと考えるとよい．

第7章

Temporal Difference学習

Temporal Difference 学習は，動的計画法とモンテカルロ学習の両方の要素を持つ学習方法である．Temporal Difference 学習は**TD 学習**と略される．

モンテカルロ学習では，各エピソードの列が終了状態まで得られている，ということが前提である．すなわち，エピソード i の情報

$$i = (s_{i,0}, a_{i,0}, r_{i,0}, s_{i,1}, a_{i,1}, r_{i,1}, s_{i,2}, a_{i,2}, r_{i,2}, \ldots, s_{i,T_i}, a_{i,T_i}, r_{i,T_i})$$

が，最後の期 T_i まですべてわかっていることが前提である．そして，エピソードがあれば，モデルは必要ない．

また，価値関数更新の計算は，エピソードの最後の期までの情報をすべて用いて下記の式で行うのであった：

$$\begin{aligned}
N(s) &\leftarrow N(s) + 1 \\
G_{i,t} &\leftarrow r_{i,t} + \gamma r_{i,t+1} + \gamma^2 r_{i,t+2} + \cdots + \gamma^{T_i - t} r_{i,T_i} \\
v^\pi(s) &\leftarrow v^\pi(s) + \alpha \left(G_{i,t} - v^\pi(s)\right)
\end{aligned}$$

ここで，$G_{i,t}$ の式

$$G_{i,t} = r_{i,t} + \gamma r_{i,t+1} + \gamma^2 r_{i,t+2} + \cdots + \gamma^{T_i - t} r_{i,T_i}$$

が，次の形で表されることに注目する．

$$G_{i,t} = r_{i,t} + \gamma \left(r_{i,t+1} + \gamma r_{i,t+2} + \cdots + \gamma^{T_i - t - 1} r_{i,T_i}\right)$$

この右辺の第2項の部分

$$r_{i,t+1} + \gamma r_{i,t+2} + \cdots + \gamma^{T_i - t - 1} r_{i,T_i}$$

は，期 $t+1$ から方策 π に従った際のリターン $G_{i,t+1}$ を表している．した

がって,

$$G_{i,t} = r_{i,t} + \gamma G_{i,t+1} \tag{7.1}$$

と書くことができる．ここで,

$$v^{\pi}(s) = \mathbb{E}_{\pi}\left[G_{t+1} | s_{t+1} = s\right]$$

であることと，$G_{i,t+1}$ が G_{t+1} の 1 つのサンプルであることを思い出すと，式 (7.1) の右辺第 2 項の $G_{i,t+1}$ を $v^{\pi}(s_{i,t+1})$ で置き換えることが考えられる．そうして，次の式を得る．

$$G_{i,t} = r_{i,t} + \gamma v^{\pi}(s_{i,t+1}) \tag{7.2}$$

こうすると，$v^{\pi}(s_{i,t+1})$ の評価値が得られていれば，エピソード i での報酬：

$$r_{i,t}, r_{i,t+1}, \ldots, r_{i,T_i}$$

がすべてわかっていなくても，$r_{i,t}$ さえわかっていれば (7.2) の評価ができることがわかる．

この式 (7.2) を，更新式

$$v^{\pi}(s_{i,t}) \leftarrow v^{\pi}(s_{i,t}) + \alpha\left(G_{i,t} - v^{\pi}(s_{i,t})\right)$$

に代入することで，次の形の更新式を得る．

$$v^{\pi}(s_{i,t}) \leftarrow v^{\pi}(s_{i,t}) + \alpha\left(\left[r_{i,t} + \gamma v^{\pi}(s_{i,t+1})\right] - v^{\pi}(s_{i,t})\right)$$

7.1　TD(0) 学習

TD(0) 学習は，方策 π に従って生成されたエピソードを用いて，価値関数 $v^{\pi}(s)$ を評価するものである．更新式には，次のものを用いる．

$$v^{\pi}(s_{i,t}) \leftarrow v^{\pi}(s_{i,t}) + \alpha\left(\left[r_{i,t} + \gamma v^{\pi}\left(s_{i,t+1}\right)\right] - v^{\pi}\left(s_{i,t}\right)\right) \tag{7.3}$$

ここで，右辺の

$$\left[r_{i,t} + \gamma v^{\pi}(s_{i,t+1})\right] \tag{7.4}$$

は，**TD ターゲット**と呼ばれる．また,

$$\delta_t = [r_{i,t} + \gamma v^\pi(s_{i,t+1})] - v^\pi(s_{i,t}) \tag{7.5}$$

は，**TD 誤差**と呼ばれる．この更新式を見るとわかるように，TD(0) 学習で必要なのは，(7.3)，(7.4)，(7.5) に現れる $(s_{i,t}, a_{i,t}, r_{i,t}, s_{i,t+1})$ と $v^\pi(s_{t+1})$ であり，エピソード全体の情報は必要ない．したがって，エピソードのうちの $(s_{i,t}, a_{i,t}, r_{i,t}, s_{i,t+1})$ が実現した時点で $v^\pi(s_{i,t})$ の更新を実行することができる．

TD ターゲットを，$r_{i,t} + \gamma v^\pi(s_{i,t+1})$ の代わりに期 $t+2$ での情報までを用いた

$$r_{i,t} + \gamma v^\pi(s_{i,t+1}) + \gamma^2 v^\pi(s_{i,t+2})$$

とする更新方法も考えられる．この TD ターゲットを用いた更新式による学習を，TD(1) 学習という．一般に，TD ターゲットを

$$r_{i,t} + \gamma v^\pi(s_{i,t+1}) + \gamma^2 v^\pi(s_{i,t+2}) + \cdots + \gamma^n v^\pi(s_{i,t+n}) + \gamma^{n+1} v^\pi(s_{i,t+n+1})$$

とした更新式を用いる方法を，TD(n) 学習という．

TD(0) 学習のアルゴリズムを，Algorithm 7 に示す．

Algorithm 7 TD(0) 学習アルゴリズム

1: **Step 0.** （初期化）
2: すべての状態 $s \in \mathcal{S}$ について，$v^\pi(s) = 0$ とする．
3: **Step 1.**
4: エピソード $i = 1, 2, \ldots, W$ に対して，次の処理を実行する．

- エピソード $i = (s_{i,0}, a_{i,0}, r_{i,0}, s_{i,1}, a_{i,1}, r_{i,1}, \ldots, r_{i,T_i-1}, s_{i,T_i}, a_{i,T_i}, r_{i,T_i})$ を取り出す．
- 期 $t = 0, 1, \ldots, T_i - 1$ について，$(s_{i,t}, a_{i,t}, r_{i,t}, s_{i,t+1})$ を取り出す．
- $N(s_{i,t}) \leftarrow N(s_{i,t}) + 1$ と更新する．
- 次の更新式により $v^\pi(s_{i,t})$ を更新する．

$$v^\pi(s_{i,t}) \leftarrow v^\pi(s_{i,t}) + \frac{1}{N(s_{i,t})} \left([r_{i,t} + \gamma v^\pi(s_{i,t+1})] - v^\pi(s_{i,t})\right)$$

図 7.1 は，TD(0) 学習における更新式の計算の様子を図示したものである．各期で，グレーで示した状態と行動が実現したとする．すなわち，あるエピソード i で，レベル 1 の状態 s^0 から，レベル 2 の行動 a^2 が実現したとする．その後，レベル 3 の状態 s^4 が実現したとする．ここで，レベル 1 の円は期 0 の状態 $s_{i,0}$，レベル 2 の四角は期 0 の行動 $a_{i,0}$，レベル 3 の円は期 1 の状

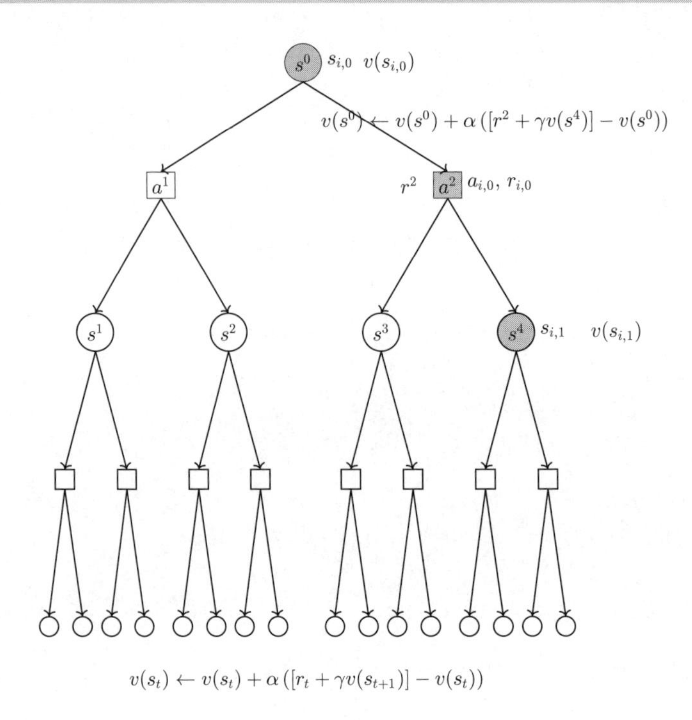

図 7.1　TD(0) 学習における更新式

態 $s_{i,1}$ を表す．ここまでで，エピソード i のうちの $(s_{i,0}, a_{i,0}, r_{i,0}, s_{i,1})$ が得られる．

TD(0) 学習では，この $(s_{i,0}, a_{i,0}, r_{i,0}, s_{i,1})$ を用いて $v^\pi(s_{i,0})$ の評価値を更新する：

$$v^\pi(s_{i,0}) \leftarrow v^\pi(s_{i,0}) + \frac{1}{N(s_{i,0})}\left([r_{i,0} + \gamma v^\pi(s_{i,1})] - v^\pi(s_{i,0})\right)$$

こうして，図 7.1 のうちのグレーで示されたノードに関する情報のみを用いて，状態 s の価値関数 $v^\pi(s)$ の更新が可能となる．

TD(0) 学習を実行するプログラムは，First-visit モンテカルロ方策評価のプログラムの一部を変更することで得られる．

```
1  random.seed(1);
2  x_min, x_max, x_init = -5, 5, 0;
3  S, P, move, r = one_d_randomwalk_MDP_env(x_min,x_max);
4  x_init = 0;
5  terminal = [x_min,x_max];
6  pi = random_static_policy(S,move);
7  n_episodes, gamma = 1000, 0.7;
```

```
8
9  episode = {};
10 for i in range(n_episodes):
11     episode[i] = gen_episode_MDP(x_init, pi,r,terminal,P
           );
12
13 N = {s:0 for s in S};
14 v = {s:0 for s in S};
15 v['T'] = 0;
16
17 tv = {};
18 for i in range(n_episodes):
19     visited = [];
20     si, ri = episode[i][::3],episode[i][2::3];
21     T = len(ri);
22     tG = Greturn(ri,gamma);
23     for t in range(T):
24         if si[t] not in visited:
25             N[si[t]] += 1;
26             v[si[t]] += (1/N[si[t]])*(ri[t]+gamma*v[si[t
                   +1]]-v[si[t]]);
27             visited.append(si[t]);
28     tv[i] = copy.deepcopy({k:v for k,v in v.items() if k
           !='T'});
29
30 print("TD(0) learning\n");
31 print("Number of episodes:",n_episodes,"\n");
32 print("Policy to evaluate");
33 print(pi);
34 print();
35 print("Value function");
36 print_dict(v,3);
37 plot_one_d_value(tv,200,"1D-TD0learning.pdf");
```

First-visit モンテカルロ方策評価のプログラムとの違いは，`v['T']=0` を計算に用いる点である．そこで，v の値をプロットする際には，`v['T']` の値を除く必要がある．そのために，28 行目の `deepcopy()` の引数には v ではなく，v からキーが'T' の要素を取り除いたものを指定する．

このプログラムを実行すると，次の結果を得る．

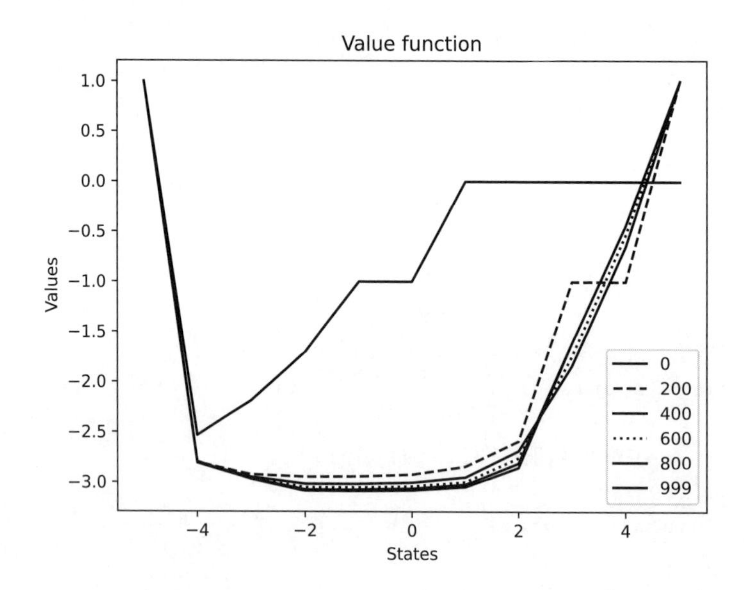

図 7.2　1 次元ランダム・ウォークに対する TD(0) 学習

```
TD(0) learning

Number of episodes: 1000

Policy to evaluate
{-5: {'→': 1}, -4: {'→': 1, '←': 0}, -3: {'→': 0, '←': 1}, -2: {'→
    ': 1, '←': 0}, -1: {'→': 0, '←': 1}, 0: {'→': 0, '←': 1}, 1: {'→
    ': 0, '←': 1}, 2: {'→': 0, '←': 1}, 3: {'→': 1, '←': 0}, 4: {'→
    ': 1, '←': 0}, 5: {'←': 1}}

Value function
{-5: 1.0, -4: -2.794, -3: -2.966, -2: -3.087, -1: -3.09, 0: -3.083, 1:
    -3.049, 2: -2.853, 3: -1.614, 4: -0.44, 5: 1.0, 'T': 0.0}
```

また，途中の反復での評価値をプロットした図を，図 7.2 に示す．

2 次元のランダム・ウォークに対して TD(0) 学習を実行するプログラムは，次のとおりである．

```
1  import random;
2  random.seed(1);
3  x_min, x_max = 0, 8;
4  y_min, y_max = 0, 10;
5  S, P, move = two_d_randomwalk_MDP_env((x_min,x_max),(
       y_min,y_max));
6  wall, r, init_pt, terminal = two_d_wall(S,move);
7
```

```
 8  pi = {};
 9  for s in S:
10      pi[s] = {a:0 for a in move[s]};
11      if s[0] == x_min:
12          pi[s]['→'] = 1;
13      elif s[0] == x_max:
14          pi[s]['←'] = 1;
15      elif s[1] == y_min:
16          pi[s]['↑'] = 1;
17      elif s[1] == y_max:
18          pi[s]['↓'] = 1;
19      else:
20          pi[s][random.choice(move[s])] = 1;
21
22  n_episodes, gamma = 10000, 0.7;
23
24  episode = {};
25  for i in range(n_episodes):
26      episode[i] = gen_episode_MDP(init_pt,pi,r,terminal,P
          );
27
28  N = {s:0 for s in S};
29  v = {s:0 for s in S};
30  v['T']=0;
31  tv = {};
32  for i in range(n_episodes):
33      visited = [];
34      si,ri = episode[i][::3],episode[i][2::3];
35      T = len(ri);
36      tG = Greturn(ri,gamma);
37      for t in range(T):
38          if si[t] not in visited:
39              N[si[t]] += 1;
40              v[si[t]] += (1/N[si[t]])*(ri[t]+gamma*v[si[t
                  +1]]-v[si[t]]);
41              visited.append(si[t]);
42      tv[i] = copy.deepcopy({k:v for k,v in v.items() if k
          !='T'});
43
44  print("TD(0) learning\n");
45  print("Number of episodes:",n_episodes,"\n");
```

```
46  print("Policy to evaluate");
47  t_pi={s:max(pi[s],key=pi[s].get) for s in S};
48  print_two_d_policy(t_pi,init_pt,terminal,wall);
49  print("Value function");
50  print_two_d_value(tv[n_episodes-1]);
```

このプログラムを実行すると，次の結果を得る．

```
TD(0) learning

Number of episodes: 10000

Policy to evaluate
→       ↓       ↓       ↓       ↓       ↓       ↓       ↓       ←
→       ←       ←       ↓       ↓       ↓       ↓       ↓       ←
→       ↓       ↑       ←       GG      ↑       ←       ←       ←
→       ↓       ↓       ↓       ←       →       ↓       →       ←
→       ↓       →       →       ↑       ↑       →       ↓       ←
→       ↓       WW      WW      WW      WW      WW      →       ←
→       →       WW      WW      WW      WW      WW      ↑       ←
→       ↑       →       →       ↓       ↓       ↑       ↑       ←
→       →       ↓       ↑       S←      →       ↑       ←       ←
→       ←       →       →       →       ↑       ←       ↓       ←
→       ↑       ↑       ↑       ↑       ↑       ↑       ↑       ←

Value function
-3.223  -3.321  -2.966  1.476   36.7    2.493   -1.615  -2.45   -2.761
-3.529  -3.577  -3.194  1.589   59.96   3.281   -0.7864 -1.95   -2.493
-8.762  -12.91  -3.614  0.3455  100     3.887   0.6095  -1.062  -2.069
-14.38  -21.51  -14.11  -12.9   -5.383  -9.047  -11.85  -4.343  -4.135
-22.68  -35.01  -20.83  -20.08  -15.7   -17.13  -17.18  -11.97  -8.996
-36.5   -55.85  -186.6  -275.7  -276.3  -277.4  -216.5  -16.79  -12.13
-51.46  -80.65  -126.6  -194.5  -135    -221.5  -180.3  -17.98  -12.7
-33.21  -49.51  -18.46  -19.6   -18.81  -38.02  -110.6  -17.01  -12.89
-6.098  -6.046  -6.134  -13.38  -20.08  -43.67  -68.95  -42.52  -26.37
-3.399  -3.431  -7.492  -11.37  -17.54  -27.44  -19.11  -5.692  -5.245
-3.197  -3.308  -5.411  -7.858  -11.68  -17.34  -12.48  -4.806  -4.062
```

7.2　オンポリシー学習とオフポリシー学習

価値関数の評価値を求めることができると，それに基づいて，方策を定めることができる．最適な方策を求めるために，一般には反復的な方法を用いる．この反復的な方法の一般的な枠組みは，次のように書くことができる．

- 方策 π を初期化する（例えば，$\pi(s)$ をランダムな行動とする）．
- 終了条件が成り立つまで次の手順を繰り返す．
    - 方策評価：π に対する価値関数 q^π を求める．
    - 方策改善：q^π を用いて方策 π を更新する．

方策を改善するには，次の 2 つの方針が考えられる．

方針 1 実際に π_{T} を用いた経験から，より良い方策 π_{T} を探索する．
方針 2 他の方策 π_{B} を用いた経験から，より良い方策 π_{T} を探索する．

ここで，π_{T} の T は Target の T であり，π_{B} の B は，Behavior の B である（180 ページ参照）．

例えば，将棋に強くなるために，各盤面から指すべき良い手を学びたいとする．ここで，現在の盤面が状態を表し，その盤面から自分が指す次の手が行動となる．方針 1 は，自分が実際に指した手の結果から学んで自分の手を改善することに対応し，方針 2 は，過去に強い棋士が指した良い手に学んで自分の手を改善することに対応する．

方針 1 による学習を，**オンポリシー学習**と呼び，方針 2 による学習を**オフポリシー学習**と呼ぶ．

7.3 オンポリシーモンテカルロ学習

モデルフリーの問題に対しても，モンテカルロ学習により価値関数 $v^{\pi}(s)$ の推定値を求めることができることがわかった．モデルベースの問題であれば，価値関数 $v^{\pi}(s)$ から，

$$q^{\pi}(s,a) = r(s,a) + \gamma \sum_{s' \in \mathcal{S}} p(s'|s,a) v^{\pi}(s')$$

によって行動価値関数 $q^{\pi}(s,a)$ を求めて，その $q^{\pi}(s,a)$ から

$$\pi(s) = \operatorname*{argmax}_{a} q^{\pi}(s,a) \tag{7.6}$$

によって方策を得ることができるのであった．

モデルフリーの問題に対しては，$p(s'|s,a)$ の値がわからないため，この $q^{\pi}(s,a)$ の計算を実行することができない．そのため，他の方法を用いる必要がある．

モデルフリーの問題に対しては，価値関数 $v^{\pi}(s)$ の代わりに，行動価値関数 $q^{\pi}(s,a)$ を評価するとよい．そうすると，(7.6) により直接方策を得ることができる．ここでは，そのためのモンテカルロ法による計算方法を述べる．

行動価値関数 $q^{\pi}(s,a)$ の評価値は，価値関数 $v(s)$ の場合と同様に，次の更

新式によって更新される:

$$q^\pi(s_{i,t}, a_{i,t}) \leftarrow q^\pi(s_{i,t}, a_{i,t}) + \frac{1}{N(s_{i,t}, a_{i,t})}\left(G_{i,t} - q^\pi(s_{i,t}, a_{i,t})\right)$$

行動価値関数 $q^\pi(s,a)$ によるモンテカルロ方策評価のアルゴリズムは，Algorithm 8 に示したとおりである．

Algorithm 8 行動価値関数による First-visit モンテカルロ方策評価

1: **Step 0.** （初期化）
2: 状態 $s \in \mathcal{S}$ と行動 $a \in \mathcal{A}$ のすべてのペアについて，$q^\pi(s,a) = 0$, $N(s,a) = 0$ とする．
3: **Step 1.** エピソード $i = 1, 2, \ldots, W$ に対して，次の処理を実行する．

- エピソード $i = (s_{i,0}, a_{i,0}, r_{i,0}, s_{i,1}, a_{i,1}, r_{i,1}, s_{i,2}, a_{i,2}, r_{i,2}, \ldots, s_{i,T_i}, a_{i,T_i}, r_{i,T_i})$ の各期 t に対して，t でのペア $(s_{i,t}, a_{i,t}) = (s,a)$ がそのエピソードで初めて訪問したペアであれば，次の式で $N(s,a)$, $q^\pi(s,a)$ を更新する．

$$\begin{aligned}
G_{i,t} &= r_{i,t} + \gamma r_{i,t+1} + \gamma^2 r_{i,t+2} + \cdots + \gamma^{T-t} r_{i,T_i} \\
N(s_{i,t}, a_{i,t}) &\leftarrow N(s_{i,t}, a_{i,t}) + 1 \\
q^\pi(s_{i,t}, a_{i,t}) &\leftarrow q^\pi(s_{i,t}, a_{i,t}) + \frac{1}{N(s_{i,t}, a_{i,t})}\left(G_{i,t} - q^\pi(s_{i,t}, a_{i,t})\right)
\end{aligned}$$

このモンテカルロ方策評価のアルゴリズムを1次元のランダム・ウォークに対して実行するプログラムは，次のとおりである．

```
1  random.seed(1);
2  x_min, x_max = -5, 5;
3  S, P, move, r = one_d_randomwalk_MDP_env(x_min,x_max);
4  x_init = 0;
5  terminal = [x_min,x_max];
6  pi = random_static_policy(S,move);
7  n_episodes, gamma = 1000, 0.7;
8
9  episode = {};
10 for i in range(n_episodes):
11     episode[i] = gen_episode_MDP(x_init,pi,r,terminal,P);
12
13 N = {s:{a:0 for a in move[s]} for s in S};
14 q = {s:{a:0 for a in move[s]} for s in S};
15
16 for i in range(n_episodes):
17     visited = [];
18     si,ai,ri = episode[i][::3],episode[i][1::3],episode[i
```

```
            ][2::3];
19      T = len(ri);
20      tG = Greturn(ri,gamma);
21      for t in range(T):
22          if (si[t],ai[t]) not in visited:
23              N[si[t]][ai[t]] += 1;
24              q[si[t]][ai[t]] += (1/N[si[t]][ai[t]])*(tG[t
                    ]-q[si[t]][ai[t]])
25              visited.append((si[t],ai[t]));
26
27  print("First-visit Monte Carlo for q function\n");
28  print("Number of episodes:",n_episodes,"\n");
29  print("Policy to evaluate");
30  for s in S:
31      print("s:",s,"\tpi",pi[s]);
32  print();
33  print("Value function q:");
34  for s in S:
35      print("s:",s,end="\t");
36      print_dict(q[s],3);
```

1–11 行目までは，これまで用いた処理と同じである．

13 行目では，$N(s,a)$ を `N[s][a]` と表す辞書を，すべての値が 0 の辞書として初期化している．

14 行目では，$q^{\pi}(s,a)$ を `q[s][a]` と表す辞書を，すべての値が 0 の辞書として初期化している．

16–25 行目が，反復処理により $q^{\pi}(s,a)$ の評価値を求める部分である．

17 行目は，そのエピソードで訪問した `(q,a)` のペアを記録しておくためのリスト `visited` を，空のリストとして初期化するものである．

18 行目は，`episode` の状態，行動，報酬にあたる要素を，それぞれ `si`，`ai`，`ri` として取り出す処理である．

19 行目では期の長さ `T` を設定している．

20 行目は，各期でのリターンを要素とするリスト `tG` を計算するものである．

21–25 行目は，`i` 番目のエピソードでの各期のデータ `si[t]`，`ai[t]`，`tG[t]` によって，`N` と `q` を更新するものである．

29–31 行目は，評価対象の方策を画面に表示するものである．31 行目の `"\tpi"`は，`"\t"`でタブを表示してから，その後，文字列 `pi` を表示する命令である.

34–36 行目は，各状態 s ごとに，辞書 q[s] の値を 3 桁で表示するものである.

このプログラム実行結果は，次のとおりである.

```
First-visit Monte Carlo for q function

Number of episodes: 1000

Policy to evaluate
s: -5    pi {'→': 1}
s: -4    pi {'→': 1, '←': 0}
s: -3    pi {'→': 0, '←': 1}
s: -2    pi {'→': 1, '←': 0}
s: -1    pi {'→': 0, '←': 1}
s: 0     pi {'→': 0, '←': 1}
s: 1     pi {'→': 0, '←': 1}
s: 2     pi {'→': 0, '←': 1}
s: 3     pi {'→': 1, '←': 0}
s: 4     pi {'→': 1, '←': 0}
s: 5     pi {'←': 1}

Value function q:
s: -5    {'→': 1.0}
s: -4    {'→': -2.831, '←': 0.0}
s: -3    {'→': 0.0, '←': -3.003}
s: -2    {'→': -3.292, '←': 0.0}
s: -1    {'→': 0.0, '←': -3.306}
s: 0     {'→': 0.0, '←': -3.314}
s: 1     {'→': 0.0, '←': -3.301}
s: 2     {'→': 0.0, '←': -3.13}
s: 3     {'→': -1.564, '←': 0.0}
s: 4     {'→': -0.3, '←': 0.0}
s: 5     {'←': 1.0}
```

この結果を見ると，q[s][a] の値が初期値の 0 以外の値に更新されているのは，a が pi[s] のときのみである．例えば，s が 3 の場合，pi[s][a] は a が' →' のときに 1 であり，それ以外の a に対しては 0 である．したがって，q の値は' →' に対してのみ更新されている.

7.3.1 探索と利用

モデルベースの方策反復では，方策と価値関数は次の順で定まるのであった：

$$\pi_0(s) \to v^{\pi_0}(s) \to q^{\pi_0}(s,a) \to \pi_1(s) \to v^{\pi_1}(s) \to q^{\pi_1}(s,a) \to \pi_2(s) \to \cdots$$

これに対して，モデルフリーの問題では，$v^{\pi_k}(s)$ を経ずに，次のようになる：

$$\pi_0(s) \to q^{\pi_0}(s,a) \to \pi_1(s) \to q^{\pi_1}(s,a) \to \pi_2(s) \to \cdots$$

強化学習の目的は，総リターンの期待値を最大にする方策を求めることである．最初の時点ではどれが良い行動かはわからないので，多くの行動を試してみて評価することが必要である．しかし，行動の数は一般には膨大なので，すべての行動を等しく試すわけにはいかない．そこで，良さそうな行動を重点的に試すことになる．これには，これまでの学習内容から良いリターンが期待できることがわかっている行動を重点的に試したほうがよいと考えられる．一方で，そのような行動ばかり試していると，それ以外のもしかしたら大変に良い行動を見逃す可能性がある．

これまでの学習内容から良い結果を期待できる行動を重点的に試すことを，**利用** (exploitation) という．そして，いまだ試していない行動を試すことを，**探索** (exploration) という．

方策を

$$\pi_{k+1}(s) = \operatorname*{argmax}_a q^{\pi_k}(s,a)$$

と定める方法は，もっぱら利用を行っていることになる．より良い学習には，これに探索の要素を取り入れることが望ましい．

7.3.2 ϵ–貪欲探索

利用と探索の両方をバランスよく取り入れるための方法の 1 つが，**ϵ–貪欲探索**である．

行動の集合を $\mathcal{A}$ とすると，行動価値関数 $q(s,a)$ に基づいて，次のように方策を定めることにする．ここで，ϵ はパラメータである．

$$\pi(a|s) = \begin{cases} \operatorname*{argmax}_a q(s,a) & \text{確率}\ 1-\epsilon+\dfrac{\epsilon}{|\mathcal{A}|}\ \text{で} \\ \operatorname*{argmax}_a q(s,a)\ \text{以外の行動} & \text{確率}\ \dfrac{\epsilon}{|\mathcal{A}|}\ \text{で} \end{cases}$$

この方法で方策 π を定める方法を，ϵ–貪欲探索という．そして，ϵ–貪欲探索で定められた方策を，ϵ–貪欲方策という．これは，確率 $1-\epsilon+\dfrac{\epsilon}{|\mathcal{A}|}$ で利用し，確率 $\dfrac{\epsilon}{|\mathcal{A}|}$ で探索する方法である．

$\operatorname*{argmax}_a q(s,a)$ 以外の行動 a' は $|\mathcal{A}|-1$ 個あるので，a' のいずれかの行動をとる確率は，

$$\frac{\epsilon}{|\mathcal{A}|} \times (|\mathcal{A}|-1) = \epsilon - \frac{\epsilon}{|\mathcal{A}|}$$

である．したがって，$\operatorname*{argmax}_a q(s,a)$ をとる確率 $1-\epsilon+\dfrac{\epsilon}{|\mathcal{A}|}$ との和は1となる．$\operatorname*{argmax}_a q(s,a)$ 以外の行動 a' のうちのどれをとるかは，ランダムに選べばよい．

通常は $|\mathcal{A}|$ は大変大きく，ϵ を小さい値とすると，大きな確率で利用し，小さな確率で探索することになる．

また，$\epsilon=1$ のときは，$\operatorname*{argmax}_a q(s,a)$ をとる確率が $1-1+\dfrac{\epsilon}{|\mathcal{A}|}=\dfrac{\epsilon}{|\mathcal{A}|}$ となるので，状態 s からとりうるすべての行動 a を同じ確率でとる方策になることに注意する．

探索の要素を加えることで得られる ϵ–貪欲探索のアルゴリズムを，Algorithm 9 に示す．

Algorithm 8 との違いは，各反復の最後で π_i を ϵ–貪欲探索によって定めるところである．Algorithm 8 ではエピソード i を生成する際には常に方策 π を用いていた．これに対して，Algorithm 9 では各反復ごとに異なる方策 π_i を用いてエピソードを生成する．このように，このアルゴリズムでは，各反復において価値関数を更新すると同時に方策も更新している．

ここで，**Step 0** の初期化では，$\epsilon=1, i=0$ としているので，方策 $\pi_k=\pi_0$ はすべての行動を同じ確率でとる方策であることに注意する．

Algorithm 9 行動価値関数 $q(s,a)$ に対する ϵ–貪欲探索を用いた First-visit モンテカルロオンライン学習

1: **Step 0.** (初期化)
2: 状態 $s \in \mathcal{S}$ と行動 $a \in \mathcal{A}$ のすべてのペアについて，$q(s,a)=0$, $N(s,a)=0$ とする．
3: $\epsilon=1$, $i=0$ とする．
4: π_i を，$q(s,a)$ を用いて定めた ϵ–貪欲探索とする．
5: **Step 1.**
6: $i \leq W$ が成り立つ間，次の手順を実行する．

- π_i に従ってエピソードのサンプル

$$i=(s_{i,0},a_{i,0},r_{i,0},s_{i,1},a_{i,1},r_{i,1},\ldots,s_{i,T_{i-1}},a_{i,T_{i-1}},r_{i,T_{i-1}},s_{i,T_i},a_{i,T_i},r_{i,T_i})$$

  を生成する．
- エピソード i の各期 t に対して，t でのペア $(s_{i,t},a_{i,t})=(s,a)$ がそのエピソードで初めて訪問したペアであれば，次の式で $N(s,a)$, $q(s,a)$ を更新する．

$$G_{i,t}=r_{i,t}+\gamma r_{i,t+1}+\gamma^2 r_{i,t+2}+\cdots+\gamma^{T_i-t}r_{i,T_i}$$
$$N(s_t,a_t)\leftarrow N(s_t,a_t)+1$$
$$q(s_t,a_t)\leftarrow q(s_t,a_t)+\frac{1}{N(s_t,a_t)}\left(G_{i,t}-q(s_t,a_t)\right)$$

- $i=i+1$ とする．
- π_i を，$q(s,a)$ を用いた ϵ–貪欲探索に設定して，**Step 1** の最初に戻る．

この Algorithm 9 を 1 次元のランダム・ウォークに対して実行するプログラムは，次のとおりである．

```
1  def epsilon_random(move,epsilon):
2      S = list(move.keys());
3      pi = {s:{} for s in S};
4      for s in S:
5          pi[s]={a:epsilon/len(move[s]) for a in move[s]};
6          pi[s][random.choice(move[s])]=1-epsilon+epsilon/
               len(move[s]);
7      return pi;
8
9  def update_epsilon_greedy(pi,s,q,epsilon,move):
10     if s!='T':
11         pi[s]={a:epsilon/len(move[s]) for a in move[s]};
12         pi[s][max(q[s],key=q[s].get)]=1-epsilon+epsilon/
               len(move[s]);
13
14 random.seed(1);
```

```
15 x_min, x_max, x_init = -5, 5, 0;
16 terminal = [x_min,x_max];
17 S, P, move, r = one_d_randomwalk_MDP_env(x_min,x_max);
18 n_episodes, epsilon, gamma = 1000, 0.2, 0.7;
19 pi = epsilon_random(move,epsilon);
20 N = {s:{a:0 for a in move[s]} for s in S};
21 q = {s:{a:0 for a in move[s]} for s in S};
22
23 episode = {};
24 for i in range(n_episodes):
25     episode[i] = gen_episode_MDP(x_init,pi,r,terminal,P);
26     si,ai,ri = episode[i][::3],episode[i][1::3],episode[i
        ][2::3];
27     visited = [];
28     T = int(len(ri));
29     tG = Greturn(ri,gamma);
30     for t in range(T):
31         if (si[t],ai[t]) not in visited:
32             N[si[t]][ai[t]] += 1;
33             q[si[t]][ai[t]] += (1/N[si[t]][ai[t]])*(tG[t
                ]-q[si[t]][ai[t]]);
34             visited.append((si[t],ai[t]));
35             update_epsilon_greedy(pi,si[t],q,epsilon,move
                );
36
37 print("Number of episodes:",n_episodes);
38 opt_pi = {s:max(q[s],key=q[s].get) for s in S};
39 print();
40 print("Optimal policy");
41 for s in S:
42     print("s:",s,"\tpi:",opt_pi[s],end="\tq:");
43     print_dict(q[s],3);
44 print()
45 print("N[s][a]");
46 for s in S:
47     print("s:",s,"\tN:",N[s]);
```

このプログラムでは，2 つの関数を定義している．

1–7 行目は，ランダムに ϵ–貪欲方策を定める関数 epsilon_random() を定めるものである．

5行目は，状態 s からとりうるすべての行動 a について，それをとる確率を epsilon/len(move[s]) に設定している．この値は，$\dfrac{\epsilon}{|\mathcal{A}|}$ に対応する．

6行目は，状態 s からとりうる行動からランダムに1つを選び，それをとる確率を $1-\epsilon+\dfrac{\epsilon}{|\mathcal{A}|}$ に上書きする．

9–12行目は，行動価値関数を表す辞書 q を用いて現在の方策 pi を更新する関数 update_epsilon_greedy() を定めるものである．この更新は，'T' 以外の状態 s に対して実行する．この関数の引数では，状態 s を指定する．この状態 s についての方策 pi[s] のみを更新するものである．

10行目では，s が'T' か否かを判定している．'T' である場合は，11，12行目は実行しない．

11行目は，状態 s からとりうるすべての行動 a について，それをとる確率を epsilon/len(move[s]) に設定するものである．

12行目は，q[s][a] の値を最大にする a に対して，pi[s][a] の値を 1-epsilon+epsilon/len(move[s]) に設定するものである．

24–35行目が，行動価値関数 $q(s,a)$ の値を更新する反復処理である．

25行目は，方策を表す pi，推移確率を表す P を用いて，関数 gen_episode_MDP() によりエピソードを生成するものである．

26行目は，生成したエピソード episode[i] から，状態に対応する要素を抜き出した si，行動に対応する要素を抜き出した ai，報酬に対応する要素を抜き出した ri を設定するものである．

30–35行目は，エピソード episode[i] の各期 t のデータを用いて，q[si[t]][ai[t]] のデータを更新するものである．

31行目は，そのエピソードにおいてペア (si[t],ai[t]) をすでに訪問したかどうかを判定するものである．

ペア (si[t],ai[t]) がエピソード episode[i] で初めて訪問するものであれば，32–35行目を実行する．32行目は (si[t],ai[t]) を訪問した回数を表す N[si[t]][ai[t]] に1を足す．さらに，33行目で q[si[t]][ai[t]] の値を更新する．

35行目は，si[t] についての方策 pi[si[t]] を更新するものである．このために，関数 update_epsilon_greedy() を実行する．

この反復処理により，行動価値関数 $q(s,a)$ の値を表す辞書 q が得られる．

37行目からは，得られた結果を画面に表示する処理である．

38行目は，q の値に基づいて最適な方策を表す opt_pi を求めるものである．状態 s に対する最適な行動 opt_pi[s] は，q[s][a] を最大にする a として求められる．

41–43 行目は，各状態 s に対する最適な方策 opt_pi[s] と，とりうるすべての行動 a に対する q[s][a] の値を画面に表示するものである．

45–47 行目は，n_episodes 個のエピソードにおいて，ペア (s,a) を訪問した回数を表す N[s][a] を画面に表示するものである．

このプログラムを実行した結果は，次のとおりである．

```
Number of episodes: 1000

Optimal policy
s: -5    pi: →    q:{'→': 1.0}
s: -4    pi: ←    q:{'→': -1.964, '←': -0.456}
s: -3    pi: ←    q:{'→': -2.476, '←': -1.535}
s: -2    pi: ←    q:{'→': -2.826, '←': -2.21}
s: -1    pi: ←    q:{'→': -2.972, '←': -2.615}
s: 0     pi: ←    q:{'→': -2.878, '←': -2.858}
s: 1     pi: →    q:{'→': -2.644, '←': -2.993}
s: 2     pi: →    q:{'→': -2.228, '←': -2.844}
s: 3     pi: →    q:{'→': -1.5, '←': -2.533}
s: 4     pi: →    q:{'→': -0.429, '←': -2.022}
s: 5     pi: ←    q:{'←': 1.0}

N[s][a]
s: -5    N: {'→': 813}
s: -4    N: {'→': 92, '←': 804}
s: -3    N: {'→': 101, '←': 804}
s: -2    N: {'→': 87, '←': 810}
s: -1    N: {'→': 117, '←': 828}
s: 0     N: {'→': 124, '←': 925}
s: 1     N: {'→': 213, '←': 39}
s: 2     N: {'→': 195, '←': 32}
s: 3     N: {'→': 184, '←': 22}
s: 4     N: {'→': 185, '←': 22}
s: 5     N: {'←': 187}
```

この結果を見ると，ϵ–貪欲方策を用いることにより，$\operatorname*{argmax}_a q(s,a)$ 以外の行動 a についても行動価値関数の値が更新されていることがわかる．

同じアルゴリズムを，2 次元のランダム・ウォークに対して実行するプログラムは，次のとおりである．

```
1  random.seed(1);
2  x_min, x_max = 0, 8;
3  y_min, y_max = 0, 10;
4  S, P, move = two_d_randomwalk_MDP_env((x_min,x_max),(
       y_min,y_max));
5  wall, r, init_pt, terminal = two_d_wall(S,move);
6  n_episodes, epsilon, gamma = 10000, 0.3, 0.7;
7  pi = epsilon_random(move,epsilon);
8
9  N = {s:{a:0 for a in move[s]} for s in S};
10 q = {s:{a:0 for a in move[s]} for s in S};
11
12 episode = {};
13 for i in range(n_episodes):
14     episode[i] = gen_episode_MDP(init_pt,pi,r,terminal,P
           );
15     si, ai, ri = episode[i][::3], episode[i][1::3],
           episode[i][2::3];
16     visited = [];
17     T = len(ri);
18     tG = Greturn(ri,gamma);
19     for t in range(T):
20         if (si[t],ai[t]) not in visited:
21             N[si[t]][ai[t]] += 1;
22             q[si[t]][ai[t]] += (1/N[si[t]][ai[t]])*(tG[t
                   ]-q[si[t]][ai[t]]);
23             visited.append((si[t],ai[t]));
24             update_epsilon_greedy(pi,si[t],q,epsilon,move
                   );
25
26 print("On Policy MC Learning\n");
27 print("Number of episodes:",n_episodes,"\n");
28 opt_pi = {s:max(q[s],key=q[s].get) for s in S};
29 print("Optimal policy");
30 print_two_d_policy(opt_pi,init_pt,terminal,wall);
```

2–5 行目で 2 次元の環境を生成しているところと，26–30 行目で表示の方法を変更している以外は，1 次元のときと同じプログラムである．ただし，エピソードの数は 10000 にしている．

このプログラムを実行した結果は，次のとおりである．

```
On Policy MC Learning

Number of episodes: 10000

Optimal policy
→     →     ↓     →     ↓     ↓     ←     ←     ↓
→     ←     →     ↓     ↓     ↓     ←     ←     ←
→     →     →     →     GG    ←     ←     ←     ←
↓     →     →     →     ↑     ↑     ←     ←     ←
→     ↑     ↑     →     ↑     ↑     ↑     ↑     ↑
↑     ↑     WW    WW    WW    WW    WW    ↑     ↑
↑     ↑     WW    WW    WW    WW    WW    →     ↑
↓     ↓     →     ↓     ↓     ↓     →     →     ↑
→     ↓     ↓     ↓     S↓    ↓     →     →     ↑
↓     ←     ↓     ↓     →     ↓     →     →     ↑
→     ←     →     →     →     →     →     →     ↑
```

7.4　オンポリシー TD 学習——SARSA

7.3 節で述べたオンポリシーモンテカルロ学習では，行動価値関数の更新の際にリターン $G_{i,t}$ を用いた次の更新式を用いた：

$$q(s_{i,t}, a_{i,t}) \leftarrow q(s_{i,t}, a_{i,t}) + \frac{1}{N(s_{i,t}, a_{i,t})} (G_{i,t} - q(s_{i,t}, a_{i,t}))$$

さて，TD(0) 学習では，価値関数の更新に次の式を用いた：

$$v(s_{i,t}) \leftarrow v(s_{i,t}) + \frac{1}{N(s_{i,t}, a_{i,t})} ([r_{i,t} + \gamma v(s_{i,t+1})] - v(s_{i,t}))$$

行動価値関数の更新においても同様の TD(0) 学習を行うことができる．具体的には，次の更新式を用いる：

$$q(s_{i,t}, a_{i,t}) \leftarrow q(s_{i,t}, a_{i,t}) + \frac{1}{N(s_{i,t}, a_{i,t})} ([r_{i,t} + \gamma q(s_{i,t+1}, a_{i,t+1})] - q(s_{i,t}, a_{i,t}))$$

この更新式を用いたオンポリシー TD 学習を，**SARSA** と呼ぶ．SARSA のアルゴリズムを，Algorithm 10 に示した．

Algorithm 10 SARSA アルゴリズム

1: **Step 0.** （初期化）
2: 状態 $s \in \mathcal{S}$ と行動 $a \in \mathcal{A}$ のすべてのペアについて，$q(s,a)=0$, $N(s,a)=0$ とする．
3: **Step 1.**
4: $i=1$ とする．
5: $i \leq W$ が成り立つ間，次の手順を実行する．
6: **Step 2.**
7: 状態 s_0 を定める．$q(s_0,a)$ に基づいて，ϵ–貪欲方策により，a_0 を定める．さらに報酬 r_0 の実現値を得る．
8: $t=0$ とする．
9: **Step 3.**
10: (s_t,a_t) からの推移先である s_{t+1} の実現値を得る．
11: ϵ–貪欲方策により，s_{t+1} における行動 a_{t+1} の実現値を得る．
12: 次の式で $N(s_t,a_t)$ と $q(s_t,a_t)$ を更新する：

$$\begin{aligned} N(s_t,a_t) &\leftarrow N(s_t,a_t)+1 \\ q(s_t,a_t) &\leftarrow q(s_t,a_t)+\frac{1}{N(s_t,a_t)}\left([r_t+\gamma q\left(s_{t+1},a_{t+1}\right)]-q\left(s_t,a_t\right)\right) \end{aligned}$$

13: s_{t+1} が終了状態であれば，$i \leftarrow i+1$ として **Step 2** に戻る．そうでなければ，$s_{t+1} \leftarrow s_t$, $a_{t+1} \leftarrow a_t$, $t \leftarrow t+1$ として，**Step 3** の始めに戻る．

このプログラムでは，$q(s_t,a_t)$ の更新に用いるデータが $(s_t,a_t,r_t,s_{t+1},a_{t+1})$ であるので，これらの文字を並べて SARSA アルゴリズムと呼ばれる．

SARSA における更新式の様子を，図 7.3 に示した．ルートで示した状態 s^0 から始まり，行動 a^2，報酬 r^1，状態 s^4，状態 a^3 と推移したとする．これを，図中ではグレーのノードで示した．こうして，(s^0,a^2,r^1,s^4,a^3) が実現したところで，次の更新式

$$q(s^0,a^2) \leftarrow q(s^0,a^2)+\alpha[r^1+\gamma q(s^4,a^3)-q(s^0,a^2)]$$

によって行動価値関数 $q(s^0,a^2)$ を更新する．

次に示すのは，1 次元ランダム・ウォークのマルコフ決定過程に対して SARSA アルゴリズムを実行するプログラムである．

```
1  random.seed(1);
2  x_min, x_max, x_init = -5, 5, 0;
3  terminal = [x_min, x_max];
4  S, P, move, r = one_d_randomwalk_MDP_env(x_min, x_max);
5  n_episodes, epsilon, gamma = 1000, 0.3, 0.7;
6  pi = epsilon_random(move,epsilon);
7
8  N = {s:{a:0 for a in move[s]} for s in S};
```

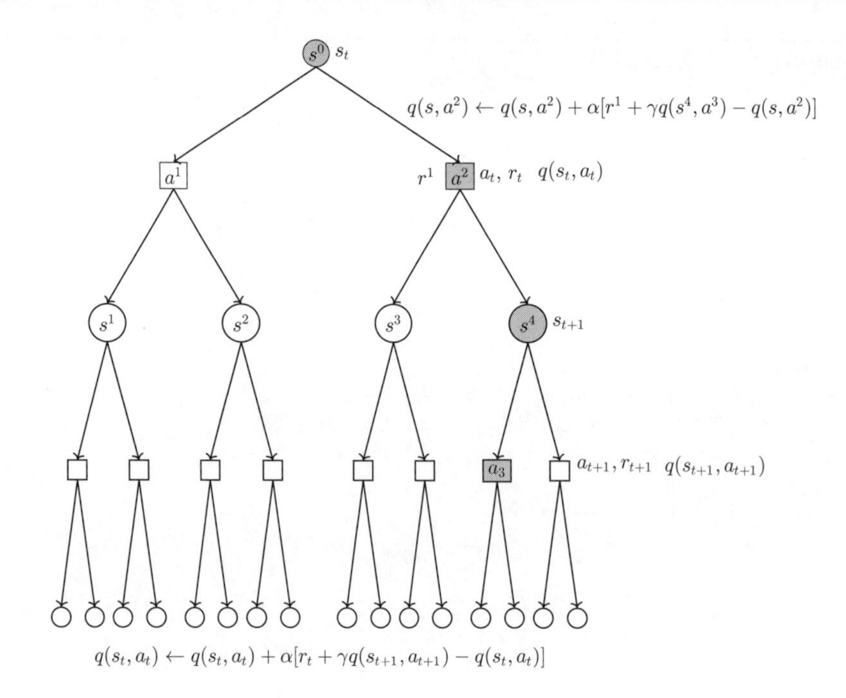

図 **7.3** SARSA における更新式

```
 9  q = {s:{a:0 for a in move[s]} for s in S};
10  q['T'] = {a:0 for a in ['→','←','↑','↓']};
11
12  for i in range(n_episodes):
13      s = x_init;
14      a = gen_action(pi[s]);
15      while True:
16          sp = realize_state(s,a,P,terminal);
17          ap = gen_action(pi[sp]);
18          N[s][a] += 1;
19          q[s][a] += (1/N[s][a])*(r[s][a]+gamma*q[sp][ap]-q
                [s][a]);
20
21          if sp == 'T':
22              tval = q[s][a];
23              q[s] = {a:tval for a in q[s]}
24              break;
25
26          update_epsilon_greedy(pi,s,q,epsilon,move);
27
```

```
28            s,a = sp,ap;
29
30   print("Number of episodes:",n_episodes);
31   opt_pi = {s:max(q[s],key=q[s].get) for s in S};
32   print("\nOptimal policy");
33   for s in S:
34       print("s:",s,"\tpi:",opt_pi[s],end="\tq:");
35       print_dict(q[s],3);
36   print();
37   print("N[s][a]");
38   for s in S:
39       print("s:",s,"\tN:",N[s]);
```

SARSA は，$(s_t, a_t, r_t, s_{t+1}, a_{t+1})$ の値が 1 組決まった時点で $q(s,a)$ の更新を行うので，gen_episode_MDP() を用いてエピソードを生成することはない．

6 行目は，エピソードを生成するための方策の初期値を定めるものである．ここではランダムな方策としている．

8，9 行目は，各状態 s に対して，とりうる行動 a についての N[s][a] と q[s][a] のいずれの値も 0 として初期化するものである．

10 行目は，状態'T' に対する q['T'][a] の値を，'→'，'←'，'↑'，'↓'の各値に対して 0 とするものである．

12–28 行目は，n_episode 個のエピソードのデータを用いて価値関数の更新を実行する反復処理である．gen_episode_MDP() を用いたエピソードの生成は行っていないが，13 行目で s を初期状態 x_init に設定してから，15 行目からの while 文の処理に入り，そのなかの 21–24 行目で if sp == 'T' が真となって while 文を抜けるまでが 1 つのエピソードにあたる．

13，14 行目は，s_t にあたる s を初期状態 x_init に設定し，その s でとる行動 a の値を，gen_action(pi[s]) によって得ている．

16 行目は，(s_t, a_t) からの推移先である s_{t+1} にあたる sp の値を，realize_state(s,a,P,terminal) によって得ている．17 行目は，a_{t+1} にあたる ap の値を，gen_action(pi[sp]) によって得ている．

18 行目は，(s,a) への訪問回数を表す N[s][a] の値を，1 大きくするものである．

19 行目は，s, a, r[s][a], sp, ap の値を用いて，q[s][a] の値を更新するものである．

21 行目では，sp が終了状態か否かを判定し，もし終了状態であれば 24 行目の break を実行し，while 文を終了する．break 文を実行する前に，現在の q[s][a] の値を，a 以外のすべての a に対する q[s][a] の値にコピーする．sp が'T' であるとき，s は終了状態（terminal の要素）であるが，この s からとりうる行動 a に対しては同じ q[s][a] の値を設定すればよいので，この処理を実行する．

26 行目は，先ほど更新した q[s][a] の値を用いて状態 s での ϵ–貪欲方策を更新するものである．具体的には，q[s][a] を最大にする a については q[s][a] の値を 1-epsilon+epsilon/len(move[s]) とし，それ以外の行動については epsilon/len(move[s]) とする．

28 行目は，今の sp を s に，今の ap を a にするものである．これは，$s_t \leftarrow s_{t+1}$, $a_t \leftarrow a_{t+1}$, $t \leftarrow t+1$ と更新することに相当する．すなわち，期 t を 1 だけ進めることに相当する．

31 行目は，28 行目までで求めた q の値に基づいて各状態での最適な方策を opt_pi[s] として求めるものである．

32 行目で print() の引数に"\n Optimal policy"とすることにより，\n により改行を実行した後，Optimal policy を画面に表示する．

30–39 行目は，求めた結果を画面に表示するものである．

31 行目は，28 行目までで求めた q[s][a] の値から，各状態 s での最適な方策 opt_pi を求めるものである．34，35 行目は，状態 s での最適な方策 opt_pi[s] とともに，行動価値関数 q[s][a] の値を 3 桁で表示するものである．

37–39 行目は，各 s に対する N[s][a] の値を表示するものである．これは，(s,a) を訪問した回数を表す．

このプログラム実行結果は，次のとおりである．

```
Number of episodes: 1000

Optimal policy
s: -5    pi: →   q:{'→': 1.0}
s: -4    pi: ←   q:{'→': -2.019, '←': -0.486}
s: -3    pi: ←   q:{'→': -2.405, '←': -1.595}
s: -2    pi: ←   q:{'→': -2.659, '←': -2.248}
s: -1    pi: ←   q:{'→': -2.812, '←': -2.602}
s: 0     pi: ←   q:{'→': -2.779, '←': -2.779}
s: 1     pi: →   q:{'→': -2.605, '←': -2.837}
s: 2     pi: →   q:{'→': -2.24, '←': -2.727}
```

```
s: 3    pi: →  q:{'→': -1.636, '←': -2.462}
s: 4    pi: →  q:{'→': -0.526, '←': -1.993}
s: 5    pi: ←  q:{'←': 1.0}

N[s][a]
s: -5   N: {'→': 557}
s: -4   N: {'→': 109, '←': 606}
s: -3   N: {'→': 137, '←': 765}
s: -2   N: {'→': 138, '←': 810}
s: -1   N: {'→': 159, '←': 820}
s: 0    N: {'→': 628, '←': 794}
s: 1    N: {'→': 676, '←': 136}
s: 2    N: {'→': 631, '←': 120}
s: 3    N: {'→': 651, '←': 101}
s: 4    N: {'→': 491, '←': 118}
s: 5    N: {'←': 443}
```

続いて，2次元ランダム・ウォークのマルコフ決定過程に対してSARSAアルゴリズムを実行するプログラムを示す．

```
1  random.seed(1);
2  x_min, x_max = 0, 8;
3  y_min, y_max = 0, 10;
4  S, P, move = two_d_randomwalk_MDP_env((x_min,x_max),(
       y_min,y_max),dyn="static");
5  wall, r, init_pt, terminal = two_d_wall(S,move);
6  n_episodes, epsilon, gamma = 10000, 0.3, 0.7;
7  pi = epsilon_random(move,epsilon);
8  N = {s:{a:0 for a in move[s]} for s in S};
9  q = {s:{a:0 for a in move[s]} for s in S};
10 q['T'] = {a:0 for a in move['T']};
11 for i in range(n_episodes):
12     s = init_pt;
13     a = gen_action(pi[s]);
14     while True:
15         sp = realize_state(s,a,P,terminal);
16         ap = gen_action(pi[sp]);
17         N[s][a]+=1;
18         q[s][a]+=(1/N[s][a])*(r[s][a]+gamma*q[sp][ap]-q[s
               ][a]);
19         if sp == 'T':
20             tval = q[s][a];
```

```
21                q[s]={a:tval for a in q[s]}
22                break;
23
24            update_epsilon_greedy(pi,s,q,epsilon,move);
25
26            s,a=sp,ap;
27
28    print("Number of episodes:",n_episodes);
29    t_pi={s:max(pi[s],key=pi[s].get) for s in S};
30    print("Optimal policy");
31    print_two_d_policy(t_pi,init_pt,terminal,wall);
```

```
Number of episodes: 10000

Optimal policy
↓       ↓       ↓       ↓       ↓       ↓       ↓       ←       ↓
→       →       ↓       →       ↓       ←       ↓       ↓       ↓
→       →       →       →       GG      ←       ←       ←       ←
→       →       →       ↑       ↑       ↑       ←       ←       ←
↑       ↑       ↑       ↑       ↑       ↑       ↑       ↑       ←
↑       ↑       WW      WW      WW      WW      WW      ↑       ↑
↑       ←       WW      WW      WW      WW      WW      →       ↑
↑       ↓       ←       ↓       ←       ↓       ↓       →       ↑
↑       ←       ←       ↓       S↓      →       →       →       ↑
↑       ↓       ←       ←       ↓       ↓       →       ↑       ↑
→       ↑       →       ←       →       →       →       ↑       ←
```

この結果を見ると，壁 WW から遠ざかるような方策が得られていることがわかる．

7.5　オフポリシー TD 学習——Q 学習

SARSA では，s_t からとる行動を，ϵ–貪欲方策 π によって定めている．そして，そこから更新して得た $q(s_t, a_t)$ の値を用いて，π 自身を更新している．π を自分でとる行動だとすると，自分の行動の結果を観察し，その結果を自分の行動に反映することで，自分の行動をより良くしていることにあたる．

例えば，方策 π が自分の将棋の指し方を表しているとする．状態 s_t がある時点での盤面であり，行動 a_t はその盤面から自分が次に指す手である．この指す手は，方策 $\pi(s_t)$ で決まるとする．同じ盤面であっても，そこから指す手は個人によって異なるので，方策が各人の指し方を表すと考えることができる．強い棋士は，良い方策に基づいて指し手を決めていると考えることができる．

さて，実際に対局をして，盤面 s_t から自分の方策 $\pi(s_t)$ に従って手 a_t を指したとする．続いて，対局相手が手を指すことで，次の期 $t+1$ の状態である盤面 s_{t+1} に至る．そこから再び方策 $\pi(s_{t+1})$ によって自分の次の手 a_{t+1} を指す．

この段階で得られる $r_t + \gamma q(s_{t+1}, a_{t+1})$ の値が，一手前に自分が指した手 a_t が盤面 s_t で指す手としてどれほど良いかを表している．この値によって評価値 $q(s_t, a_t)$ を更新し，さらにその評価値を用いて自分の指し方を表す $\pi(s_t)$ も更新する．こうして更新した後での方策 $\pi(s_t)$ は，先ほど自分が a_t を指すと決める際に用いた方策とは異なっている．

これは，自分が実際に将棋というゲームをプレーして，そのときの結果を観察することで自分自身の指し方を更新する，というものである．これも将棋に強くなる1つの方法であるが，他の有力な方法として，強い棋士の指し方に学ぶ，というものがある．この手順はどのようなものになるだろうか．

いま，手元に強い棋士 A の過去の対局の記録があるとする．これは棋譜といい，対局の最初から最後までの指し手が順に記録されている．これがあれば，過去の対局を再現することができる．さて，我々はこの棋譜から棋士 A の指し方を学びたい．棋譜を見れば，ある盤面 s_t から棋士 A がどの手 a_t を指したかがわかる．このとき，棋士 A が a_t を指すことにしたのは，その棋士の持っている方策 $\pi_{\mathrm{A}}(s_t)$ に従ったから，と考える．方策 π_{A} は棋士 A が長年の研鑽で手に入れたものであり，数式として実際にどのように表現されるのか，そもそも数式として表現可能か，はわからないが，棋譜からそれを推測できる可能性はある．

我々が棋士 A の方策 π_{A} を推測するには，棋譜から行動価値関数 $q(s_t, a_t)$ を推定して，それに基づいて方策 π'_{A} を定めればよい．この方策 π'_{A} が棋士 A の指し方を表しているので，この方策 π'_{A} を身につければ自分も強くなれるはずである．最初の一手から勝敗が決するまでの一局の棋譜がエピソードにあたり，エピソードを通して方策 π_{A} は変更されない．つまり，ある方策に基づいて実現した過去の（もう変更されない）エピソードから指し方を学ぶもので，自分が実際に対局を行って徐々に自分の指し方（方策）を改善する，というものとはタイプの違う学習である．

ここで述べた，他の棋士の棋譜に学ぶ方法は，エピソードの生成は π_{A} に基づいて行い，それを用いて自らの方策 π を改善するものである．このような方法を，**オフポリシー学習**という．オフポリシー学習において，エピソードの生成に用いる方策を**行動方策** (behavior policy) といい，改善の対象の方策を，**ターゲット方策** (target policy) という．この例では，棋士 A の指し方 π_{A} が行動方策であり，自分自身の指し方がターゲット方策にあたる．

Q 学習は，オフポリシー学習の 1 つである．

オンポリシー学習である SARSA では，方策 π に従って得られたサンプル

$$(s_t, a_t, r_t, s_{t+1}, a_{t+1})$$

によって価値関数 $q(s_t, a_t)$ を更新し，その結果によって方策 π も更新した．つまり，行動方策とターゲット方策が同じである．

これに対して Q 学習では，サンプルの生成には π とは異なる行動方策 π_b を用いる．そして，この行動方策 π_b で生成されたサンプルにより $q(s_t, a_t)$ の評価値を更新するが，その $q(s_t, a_t)$ を用いて更新する方策は，π_b ではなくターゲット方策 π である．つまり，行動方策とターゲット方策は異なる．

SARSA で用いた更新式は

$$q(s_t, a_t) \leftarrow q(s_t, a_t) + \alpha\left([r_t + \gamma q(s_{t+1}, a_{t+1})] - q(s_t, a_t)\right) \tag{7.7}$$

であったのに対して，Q 学習で用いる更新式は

$$q(s_t, a_t) \leftarrow q(s_t, a_t) + \alpha\left(\left[r_t + \gamma \max_{a' \in \mathcal{A}} q(s_{t+1}, a')\right] - q(s_t, a_t)\right) \tag{7.8}$$

である．SARSA の更新式は，$(s_t, a_t, r_t, s_{t+1}, a_{t+1})$ と，5 つの値が実現した時点で実行されるのに対して，Q 学習では，(s_t, a_t, r_t, s_{t+1}) と，4 つの値が実現した時点で実行される．SARSA では，状態 s_t からとる行動 a_t を，行動方策によって定める．$q(s_{t+1}, a_{t+1})$ を定める行動 a_{t+1} を s_{t+1} に基づいて定めるときも，s_t に基づいて a_t を定めるときと同じ方策による．このように，SARSA では行動方策とターゲット方策が同じものである．

一方，Q 学習では，状態 s_t からとる行動 a_t は行動方策によって定めるが，$\max_{a' \in \mathcal{A}} q(s_{t+1}, a')$ を実現する行動 a は，行動方策で決まるものではない．つまり，ここでのターゲット方策は

$$\pi(s) = \operatorname*{argmax}_{a' \in \mathcal{A}} q(s, a)$$

というものであり，これは一般に行動方策とは異なる．

SARSA の更新式 (7.7) では，状態 a_{t+1} は方策 $\pi(s_{t+1})$ の実現値として定めるのであった．これに対して，Q 学習の更新式 (7.8) では状態 s_{t+1} に対して行動価値関数 $q(s_{t+1}, a')$ の値を最大にする行動 a' として定めるのであった．

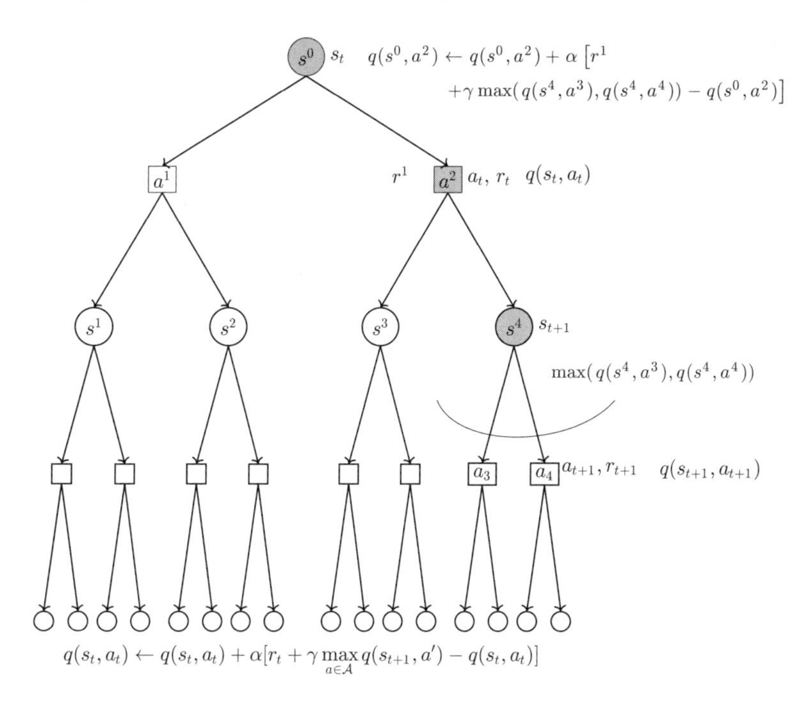

図 7.4　Q 学習における更新式

このことにより，Q 学習での $q(s_t, a_t)$ の更新は，エピソードの生成に用いた方策によらず，最適な行動価値関数 $q^*(s_t, a_t)$ を近似しようとするものであることがわかる．

Q 学習における更新式の様子を，図 7.4 に示した．

初期状態の s^0 から，順に，行動 a^2，報酬 r^1，状態 s^4 が実現したとする．ここで更新したいのは，$q(s^0, a^2)$ の評価値である．状態 s^4 からとる行動は，$\underset{a\in\{a^3,a^4\}}{\operatorname{argmax}}\ q(s^4, a)$ である．すなわち，$q(s^4, a^3) > q(s^4, a^4)$ であれば a^3 であり，$q(s^4, a^3) < q(s^4, a^4)$ であれば a^4 である．このことを，s^4 から a^3 と a^4 に向かう線の脇の $\max(q(s^4, a^3), q(s^4, a^4))$ で示した．

Algorithm 11 Q 学習アルゴリズム

1: **Step 0.** （初期化）
2: 状態 $s \in \mathcal{S}$ と行動 $a \in \mathcal{A}$ のすべてのペアについて，$q(s,a)=0$, $N(s,a)=0$ とする．
3: **Step 1.**
4: $i=1$ とする．
5: $i \leq W$ が成り立つ間，次の手順を実行する．
6: **Step 2.**
7: 状態 s_0 を定める．
8: $t=0$ とする．
9: **Step 3.**
10: $q(s_t,a)$ に基づいて ϵ–貪欲方策により a_t を定める．さらに報酬 r_t の実現値を得る．
11: (s_t,a_t) からの推移先である s_{t+1} の実現値を得る．
12: $q(s_t,a_t)$ を次の式で更新する:

$$
\begin{aligned}
N(s_t,a_t) &\leftarrow N(s_t,a_t)+1 \\
q(s_t,a_t) &\leftarrow q(s_t,a_t)+\frac{1}{N(s_t,a_t)}\left(\left[r_t+\gamma \max_{a' \in \mathcal{A}} q(s_{t+1},a')\right]-q(s_t,a_t)\right)
\end{aligned}
$$

13: s_{t+1} が終了状態であれば，$i \leftarrow i+1$ として **Step 2** に戻る．そうでなければ $s_{t+1} \leftarrow s_t$, $t \leftarrow t+1$ として **Step 3** に戻る．

次に示すのは，1 次元ランダム・ウォークのマルコフ決定過程に対して Q 学習アルゴリズムを実行するプログラムである．

```
1  random.seed(1);
2  x_min, x_max, x_init = -5, 5, 0;
3  terminal = [x_min,x_max];
4  S, P, move, r = one_d_randomwalk_MDP_env(x_min,x_max);
5  n_episodes, epsilon, gamma = 1000, 0.5, 0.7;
6  pi = epsilon_random(move,epsilon);
7
8  N = {s:{a:0 for a in move[s]} for s in S};
9  q = {s:{a:0 for a in move[s]} for s in S};
10 q['T'] = {a:0 for a in ['→','←','↑','↓']};
11
12 for i in range(n_episodes):
13     s = x_init;
14     while True:
15         a = gen_action(pi[s]);
16         sp = realize_state(s,a,P,terminal);
17         N[s][a] += 1;
18         q[s][a] += (1/N[s][a])*(r[s][a]+gamma*max(q[sp].
               values())-q[s][a]);
19
```

```
20         if sp == 'T':
21             tval = q[s][a];
22             q[s] = {a:tval for a in q[s]}
23             break;
24 
25         update_epsilon_greedy(pi,s,q,epsilon,move);
26 
27         s = sp;
28 
29 print("Number of episodes:",n_episodes);
30 opt_pi = {s:max(q[s],key=q[s].get) for s in S};
31 print("\nOptimal policy");
32 for s in S:
33     print("s:",s,"\tpi:",opt_pi[s],end="\tq:");
34     print_dict(q[s],3);
35 print();
36 print("N[s][a]");
37 for s in S:
38     print("s:",s,"\tN:",N[s]);
```

1–6 行目は，1 次元のランダム・ウォークに対するマルコフ決定過程の環境を生成するためのもので，これまで用いてきたものと同様である．8–10 行目も SARSA の場合と同様である．

13 行目で状態 s を初期状態を x_init に定めている．14 行目からの反復処理では，まず，状態 s での行動 a を，gen_action(pi[s]) で実現している．この s と a はそれぞれ s_t と a_t に対応する．続いて，(s,a) からの推移先の状態 sp を，realize_state() で実現する．この sp は，s_{t+1} に対応する．

17，18 行目で，N[s][a] と q[s][a] を更新する．18 行目の右辺の max (q[sp].values()) が，$\max_{a' \in \mathcal{A}} q(s_{t+1}, a')$ に対応する．

20 行目で，sp が'T' か否かを判定し，そうであれば 23 行目の break で反復処理を終了する．break 文を実行する前に，現在の q[s][a] の値を他の a の値に対しても設定する．

25 行目は，状態 s に対する方策 pi[s] を q を用いて更新する．この pi[s] は **Step 3** の最初で a_t を定める際に用いる ϵ–貪欲方策であり，これは行動方策である．

27 行目は現在の sp の値を s に設定する．これは，期 t を 1 つ進めることに対応する．

このプログラムの実行結果は，次のとおりである．

```
Number of episodes: 1000

Optimal policy
s: -5   pi: →   q:{'→': 1.0}
s: -4   pi: ←   q:{'→': -1.86, '←': -0.468}
s: -3   pi: ←   q:{'→': -2.296, '←': -1.425}
s: -2   pi: ←   q:{'→': -2.556, '←': -2.056}
s: -1   pi: ←   q:{'→': -2.723, '←': -2.457}
s: 0    pi: ←   q:{'→': -2.676, '←': -2.676}
s: 1    pi: →   q:{'→': -2.466, '←': -2.755}
s: 2    pi: →   q:{'→': -2.081, '←': -2.617}
s: 3    pi: →   q:{'→': -1.45, '←': -2.311}
s: 4    pi: →   q:{'→': -0.472, '←': -1.843}
s: 5    pi: ←   q:{'←': 1.0}

N[s][a]
s: -5   N: {'→': 449}
s: -4   N: {'→': 88, '←': 490}
s: -3   N: {'→': 118, '←': 622}
s: -2   N: {'→': 108, '←': 653}
s: -1   N: {'→': 107, '←': 658}
s: 0    N: {'→': 775, '←': 593}
s: 1    N: {'→': 826, '←': 136}
s: 2    N: {'→': 833, '←': 140}
s: 3    N: {'→': 781, '←': 154}
s: 4    N: {'→': 600, '←': 122}
s: 5    N: {'←': 551}
```

この結果から，各状態からとりうる行動が取りこぼされることなく探索され，最終的な方策としては，1から4までは右への移動，-4から-1までは左への移動が得られていることがわかる．

続いて，2次元ランダム・ウォークのマルコフ決定過程に対してQ学習アルゴリズムを実行するプログラムを示す．

```
1 random.seed(1);
2 x_min, x_max = 0, 8;
3 y_min, y_max = 0, 10;
4 S, P, move = two_d_randomwalk_MDP_env((x_min,x_max),(
      y_min,y_max),dyn="static");
5 wall, r, init_pt, terminal = two_d_wall(S,move);
```

```
 6
 7  n_episodes, epsilon, gamma = 10000, 0.3, 0.7;
 8  pi = epsilon_random(move,epsilon);
 9
10  N = {s:{a:0 for a in move[s]} for s in S};
11  q = {s:{a:0 for a in move[s]} for s in S};
12  q['T'] = {a:0 for a in move['T']};
13
14  for i in range(n_episodes):
15      s = init_pt;
16      while True:
17          a = gen_action(pi[s]);
18          sp = realize_state(s,a,P,terminal);
19          N[s][a] += 1;
20          q[s][a] += (1/N[s][a])*(r[s][a]+gamma*max(q[sp].
                values())-q[s][a])
21          if sp == 'T':
22              tval = q[s][a];
23              q[s] = {a:tval for a in q[s]}
24              break;
25
26          update_epsilon_greedy(pi,s,q,epsilon,move);
27
28          s=sp;
29
30  print("Number of episodes:",n_episodes);
31  opt_pi={s:max(q[s],key=q[s].get) for s in S};
32  print("Optimal policy");
33  print_two_d_policy(opt_pi,init_pt,terminal,wall);
```

2–5 行目の 2 次元ランダム・ウォークの環境生成の部分と，30 行目以降の結果の表示の部分以外は 1 次元のプログラムと同じである．

```
Number of episodes: 10000
Optimal policy
↓       →       ↓       ↓       ↓       ↓       ↓       ←       ←
↓       →       ↓       ↓       ↓       ↓       ←       ↓       ↓
→       →       →       →       GG      ←       ←       ←       ←
↑       ↑       →       →       ↑       ←       ↑       ←       ↑
→       ↑       →       ↑       ↑       ↑       ↑       ←       ←
↑       ↑       WW      WW      WW      WW      WW      ↑       ↑
↑       ↑       WW      WW      WW      WW      WW      ↑       ←
→       ↑       ←       ←       ←       →       →       ↑       ←
↑       ↑       ↑       ←       S←      →       ↑       ↑       ←
↑       ↑       ↑       ↑       →       →       ↑       ↑       ↑
↑       ↑       ↑       ←       ←       ←       ←       ↑       ←
```

この結果を見ると，初期状態を表す S から移動を始めて，壁 WW を避けながら，終了状態 GG に向けて最短距離で移動する方策が得られていることがわかる．

参考文献

[1] John V. Guttag, **世界標準 MIT 教科書 Python 言語によるプログラミングイントロダクション 第 3 版**, 麻生敏正, 木村泰紀, 小林和博, 斉藤佳鶴子, 関口良行, 鄭金花, 並木誠, 兵藤哲朗, 藤原洋志, 古木友子 訳, 久保幹雄 監訳, 近代科学社, 2023.

[2] Richard S. Sutton, and Andrew G. Barto, **強化学習 第 2 版**, 今井翔太, 川尻亮真, 菊池悠太, 鮫島和行, 陣内佑, 高橋将文, 谷口尚平, 藤田康博, 前田新一, 松嶋達也, 奥村エルネスト純, 鈴木雅大, 松尾豊, 三上貞芳, 山川宏 訳, 森北出版, 2022.

[3] 伏見正則, **乱数**, 筑摩書房, 2023.

[4] 伏見正則, **確率と確率過程**, 朝倉書店, 2004.

[5] 繁野麻衣子, **ネットワーク最適化とアルゴリズム**, 朝倉書店, 2010.

索引

著者紹介

小林 和博 （こばやし　かずひろ）

1998年　東京大学工学部計数工学科卒業
2000年　東京大学大学院工学系研究科計数工学専攻修士課程修了，修士（工学）
2009年　博士（理学）
現　在　青山学院大学理工学部准教授

主要著書

『サプライチェーンリスク管理と人道支援ロジスティクス』（共著），近代科学社 (2015)
『航海応用力学の基礎』（共著），成山堂書店 (2015)
『Python言語によるビジネスアナリティクス—実務家のための最適化・統計解析・機械学習』（共著），近代科学社 (2016)
『最適化問題入門』（Pythonによる問題解決シリーズ 2），近代科学社 (2020)

Python による問題解決シリーズ 3

最適化のための強化学習

2024 年 9 月 30 日　初版第 1 刷発行

著　者　小林 和博
発行者　大塚 浩昭
発行所　株式会社近代科学社
〒101-0051 東京都千代田区神田神保町1丁目105番地
https://www.kindaikagaku.co.jp

ISBN978-4-7649-0710-2
印刷・製本　藤原印刷株式会社